スラスラ読める

ふりがなプログラミング

及川卓也・監修／リブロワークス・著

インプレス

監修者プロフィール

及川卓也　おいかわ・たくや

早稲田大学理工学部を卒業後、日本DECに就職。営業サポート、ソフトウエア開発、研究開発に従事し、1997年からはマイクロソフトでWindows製品の開発に携わる。2006年以降は、GoogleにてWeb検索のプロダクトマネジメントやChromeのエンジニアリングマネジメントなどを行う。その後、スタートアップを経て、独立。現在、企業へ技術戦略、製品戦略、組織づくりのアドバイスを行う。
Twitter　@takoratta

著者プロフィール

リブロワークス

書籍の企画、編集、デザインを手がけるプロダクション。手がける書籍はスマートフォン、Webサービス、プログラミング、WebデザインなどIT系を中心に幅広い。最近の著書は『マンガと図解でスッキリわかる プログラミングのしくみ』(MdN)、『48歳からのiPad入門 改訂版』(インプレス)、『LINE/Facebook/Twitter/Instagramの「わからない！」をぜんぶ解決する本』(洋泉社)、『JavaScript 1年生』(翔泳社) など。
http://www.libroworks.co.jp/

執筆協力：小原裕太

はじめに

　ふりがなは読み方の難しい漢字の理解を助けるために生まれた日本語特有の表現です。元来は漢字に対して振られるものでしたが、その後、日本語文章の多様化とともに独自の発展を遂げ、漢字以外の文字にも振られるようになりました。私は、Web技術のHTMLでふりがな（ルビ）をサポートするための標準化の議論に加わっていたことがあります。そこで多彩なふりがなの利用例をたくさん目にしました。例えば、あるライトノベルでは、1つの単語に対して100文字を超える文字数のふりがなが振られた例もありました。それも1つの表現だとは理解しつつも、標準化の難易度が上がるため、そのような本来の使い方から離れた使い方に、当時は正直閉口したものでした。

　ソフトウェアプログラミングは英語の単語の組み合わせで構成されることが多い技術です。しかし、英単語がわかっただけでは、プログラムを読み解くことはできません。それは英語が英単語を理解しているだけでは理解できないのと同じです。そのため、初学者用のテキストなどでは、コメントを多用したり、プログラムの1行1行に細かく解説を入れたりしています。しかし、そこには統一した規則がないことも多く、必ずしも初学者に易しいものではありませんでした。
　読みがわかるふりがなだけで文章を理解できるわけではありません。しかし独自の進化を遂げたふりがなは、単に漢字の読み以上の情報を付加しました。文章自身の情報量を増やすことにふりがなが使われるようになったのです。プログラムにふりがなを振るというアイデアはこれと同じです。ふりがなという技術が、プログラムをただの英単語の羅列から、その元となった規則や論理に結びつけます。

　最初、プログラムをふりがなで解説するという話を聞いたときには少し奇異に感じたものでした。ですが、でき上がった書籍を見てみると、初学者がプログラムを理解するための面白いアプローチだと確信しています。プログラミングという最先端の世界と日本古来のふりがなという文化の融合。ぜひ、その世界を楽しんでみてください。

2018年6月　及川卓也

CONTENTS

Chapter 5

Webページに組み込もう

プログラムの読み方

本書では、プログラム（ソースコード）に日本語の意味を表す「ふりがな」を振り、さらに文章として読める「読み下し文」を付けています。ふりがなを振る理由については12ページをお読みください。また、サンプルファイルのダウンロードについては191ページで案内しています。

サンプルファイルのファイル名です

半角スペースを入れないとエラーになる場合はこの記号で示します

スペース記号がない部分はふりがなを振りやすくするための空きなので、空けなくてもかまいません

■chap3-5-2.js

……の間 新規作成 変数x 入れろ 数値1 変数x 小さい 数値10 変数x 1増 以下を繰り返せ

```
1 for( let␣x = 1; x < 10; x++ ){
```

……の間 新規作成 変数y 入れろ 数値1 変数y 小さい 数値10 変数y 1増 以下を……

```
2   for( let␣y = 1; y < 10; y++ ){
```

コンソール 表示しろ 変数x ❷連結 文字列「×」 ❸連結 変数y

```
3     console.log( x + '×' + y
```

折り返し

❹連結 文字列「=」 ❺連結 変数x ❶掛ける 変数y

```
      + '=' + x * y );
```

ブロック終了

```
  }
```

ブロック終了

```
}
```

行番号（文番号）でプログラムと読み下し文の対応を示します

直前のサンプルから変更する部分は黄色のマーカーで示します

1行で入りきらない文は折り返しマークで示します。入力時は折り返さなくてもかまいません

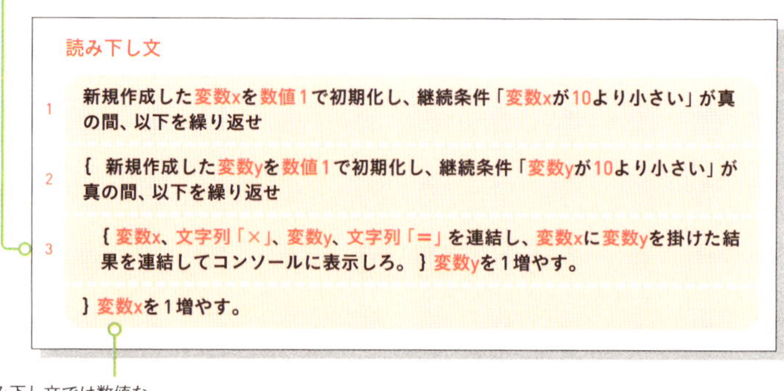

読み下し文では数値などを赤字で示します

JavaScript
HIRAGANA PROGRAMING

Chapter 1

JavaScript 最初の一歩

NO 01

JavaScriptってどんなもの？

JavaScriptといえば、Web向けのイメージが強いよね

Webページ上でアニメーションしたりとか警告を出したりとかですかね

本来の用途はそのあたりだ。でも、最近はいろいろな分野に進出しているんだよ

JavaScriptを覚えるとできること

JavaScriptはWebブラウザ内で動くプログラム言語です。ユーザーが操作できるWebページのことを「Webアプリ」や「Webサービス」といいますが、その中でJavaScriptは、ユーザーが直接操作する部分（ユーザーインターフェース）を作るために使われています。

ユーザーインターフェース作りが得意という強みを活かし、Webページ以外への進出も進んでいます。例えば、本書でも利用するAtom（アトム）というテキストエディタは、JavaScriptとNode.js（ノード・ジェイエス）という技術を組み合わせて作られています。また、スマートフォンアプリでもSNSなどと連携するものは、JavaScriptで作られていることがよくあります。

どこでも動くアプリを手軽に作りたい。そうした需要に応えられるのがJavaScriptなのです。

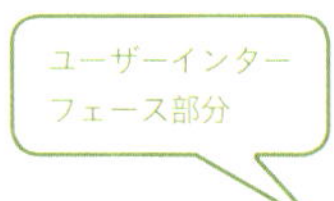

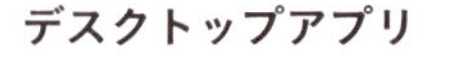

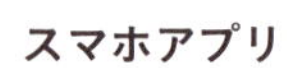

JavaScriptは覚えやすい？

世の中にあるプログラミング言語の中で、JavaScriptの文法はシンプルで覚えやすいほうです。ただし、Webという変化し続ける世界で生まれたせいか、JavaScript自体も変化が早い傾向があります。数年経つと書き方の常識が変わってしまうぐらいです。

JavaScriptの正式な規格名をECMAScript（エクマスクリプト）といい、2018年の時点で主に使われているのは2009年に公開されたES5というバージョンです。ES2015（ES6）という新バージョンへの移行が進みつつあるので、現在入手できる入門書やWeb上の情報は、ES5に基づいたものとES2015に基づいたものが混在しています。

バージョン	概要
ES5	ES3に、厳密なプログラムの開発を強制するstrictモードなどが追加された（ES4は破棄された）。
ES2015（ES6）	現在主流になりつつあるJavaScriptのバージョン。クラスやモジュールなど大規模な開発のための機能が追加されている。

ES2015では、アプリのインターフェースだけでなく、複雑な内部処理も開発しやすくするような拡張が施されており、これから覚えるのならES2015がおすすめです。本書でもES2015に基づいて解説していきます。とはいえES5を使う状況も少なくないので、ES5とES2015で異なる部分はコラムなどで補足します。

JavaScriptの世界を広げるNode.js

JavaScriptは本来Webブラウザの中で動作するプログラミング言語ですが、これをWebブラウザ外でも使えるようにする技術がNode.jsです。Node.jsのおかげで、デスクトップアプリも開発できるようになりました。初心者向けではないので本書では触れませんが、JavaScriptの可能性を知る意味で覚えておきたい名前です。

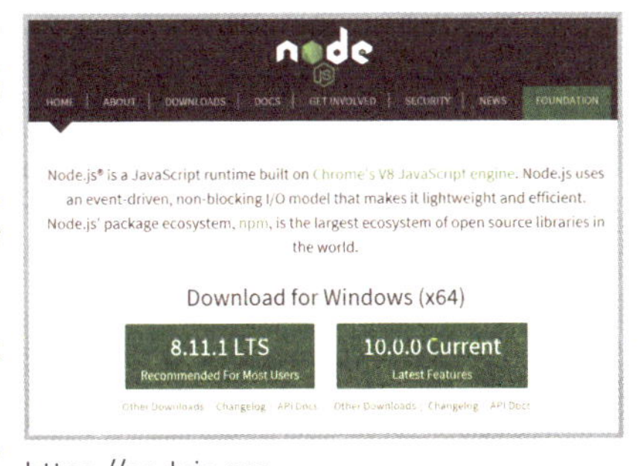

https://nodejs.org

NO 02

本書の読み進め方

プログラムにふりがなが振ってあると簡単そうに見えますね。でも、本当に覚えやすくなるんですか？

身もフタもないことを聞くね……。ちゃんと理由があるんだよ

繰り返し「意味」を目にすることで脳を訓練する

プログラミング言語で書かれたプログラムは、英語と数字と記号の組み合わせです。知らない人が見ると意味不明ですが、プログラマーが見ると「それが何を意味していてどう動くのか」をすぐに理解できます。とはいえ最初から読めたはずはありません。プログラムを読んで入力して動かし、エラーが出たら直して動かして……を繰り返して、脳を訓練した期間があります。

逆にいうと、初学者が挫折する大きな原因の1つは、十分な訓練期間をスキップして短時間で理屈だけを覚えようとすることです。そこで本書では、プログラムの上に「意味」を表す日本語のふりがなを入れました。例えば「=」の上には必ず「入れろ」というふりがながあります。これを繰り返し目にすることで、「=」は「変数に入れる」という意味だと頭に覚え込ませます。

```
   変数answer  入れろ  数値10
1  answer    =     10;
```

プログラムは英語に似ている部分もありますが、人間向けの文章ではないので、ふりがなを振っただけでは意味が通じる文になりません。そこで、足りない部分を補った読み下し文もあわせて掲載しました。

読み下し文

1　数値10を変数answerに入れろ。

プログラムを見ただけでふりがなが思い浮かべられて、読み下し文もイメージできれば、「プログラムを読めるようになった」といえます。

実践で理解を確かなものにする

プログラムを読めるようになるのは第一段階です。最終的な目標はプログラムを作れるようになること。実際にプログラムを入力して何が起きるのかを目にし、自分の体験としましょう。本書のサンプルプログラムはどれも10行もない短いものばかりですから、すべて入力してみてください。

プログラムは1文字間違えてもエラーになることがありますが、それも大事な経験です。何をすると間違いになるのか、自分が起こしやすいミスは何なのかを知ることができます。とはいえ、最初はエラーメッセージを見ると焦ってしまうはずです。そこで、各章の最後に「エラーを読み解いてみよう」という節を用意しました。その章のサンプルプログラムを入力したときに起こしがちなエラーをふりがな入りで説明しています。つまずいたときはそこも読んでみてください。

また、章末には「復習ドリル」を用意しました。その章のサンプルプログラムを少しだけ変えた問題を出しているので、ぜひ挑戦してみましょう。

スポーツでも、本を読むだけじゃ上達しないのと同じですね。実際にやってみないと

そうそう。脳も筋肉と同じで、繰り返しの訓練が大事なんだよね

NO 03

JavaScriptを書くための準備をする

JavaScriptはWebブラウザがあれば動くから、特に準備とかいらないですよね？

Webブラウザごとに微妙な違いがあるからChromeを使うことにしよう。あとテキストエディタも必要だね

テキストエディタ？　メモ帳じゃだめなんですか？

プログラミング向きのテキストエディタを使ったほうがトラブルが少ないんだよ

Chromeをインストールする

本書では、プログラムの実行環境、および検証用のツールとして、Googleが提供するWebブラウザ「Chrome」を使用します。ChromeはWindowsでもMacでも動作し、Web制作の現場でも基準環境として採用されているためです。また、Chrome内蔵の「デベロッパーツール」も、プログラミングに欠かせません。Chromeは公式サイト（https://www.google.co.jp/chrome/）から無料でダウンロードできます。

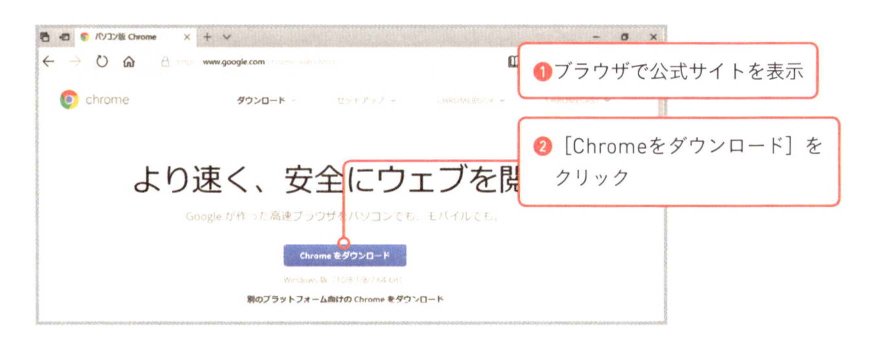

Atomをインストールする

続けて、プログラムを書くためのテキストエディタを用意しましょう。ここではテキストエディタ「Atom」のインストール方法を解説します。メモ帳やテキストエディットなどの各OSに標準搭載されているものもありますが、プログラミングに適したテキストエディタを使ったほうが思わぬトラブルが少なくなります。Atomには、ファイル管理やプログラムの色分け（シンタックスハイライト）といった、プログラミングを効率化してくれる機能が備わっています。また、Webでは「UTF-8」という文字コード（文字を表す数値）が標準とされており、Atomも初期設定が「UTF-8」です。

このような理由から本書ではAtomを使用しますが、同様の機能を備えているエディタであれば、何を使ってもかまいません。

Atomは、公式サイト（https://atom.io）から無料でダウンロードできます。WindowsとMac両方に対応しています。

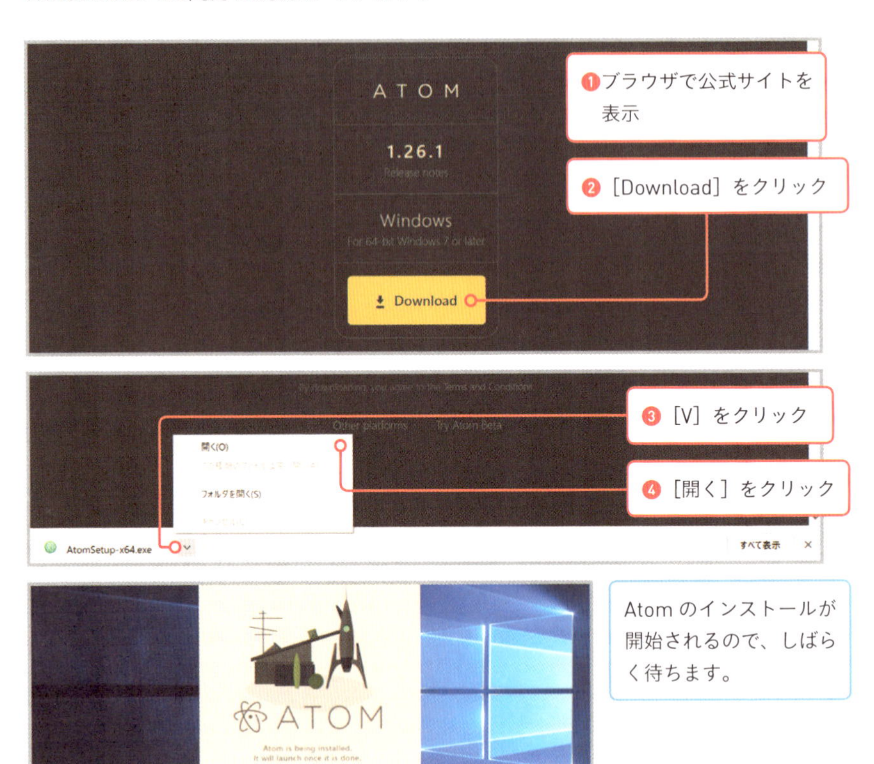

プログラムとソースコード

本書ではざっくり「プログラム」と呼んでいますが、プログラムという言葉は、プログラミング言語で書かれた「ソースコード」と、CPUが理解できる「実行ファイル」の両方を指します。ソースコードは人間が読み書きするためのもので、実行ファイルはCPUが解釈して実行するためのものです。

ソースコード（Source Code）は「源となる記号（暗号）」という意味です。プログラミング言語によってはコンパイラ（翻訳プログラム）を使って、プログラミング言語を実行ファイルに変換してから実行するため、実行ファイルの源になるものという意味で名付けられました。JavaScriptの場合はコンパイラを使いませんが、それでもソースコードと呼びます。

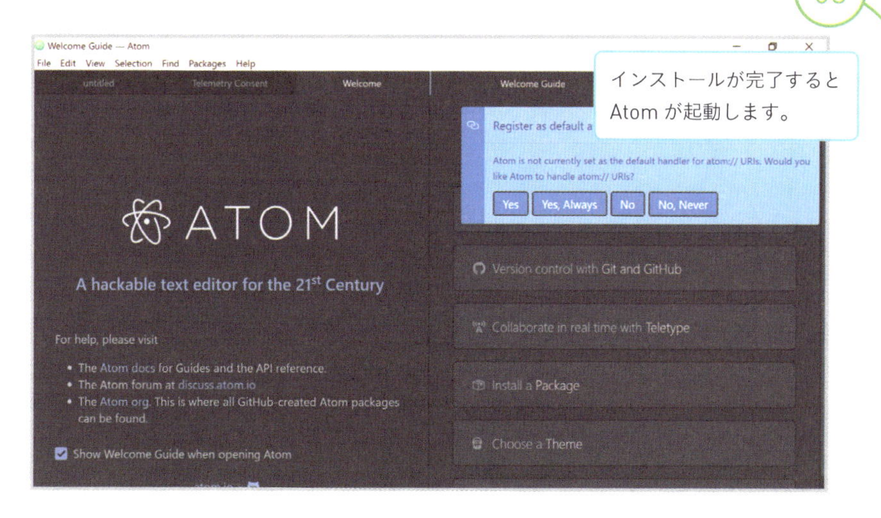

Atomでは複数のファイルがタブで表示され、切り替えながら操作できます。インストール直後は案内のタブなどが表示されているので、タブ上にマウスポインタを合わせると表示される［×］をクリックして閉じてかまいません。

メニューの表示を日本語化する

Atomは標準ではメニューなどがすべて英語表示ですが、「Japanese-menu」というパッケージ（追加プログラム）をインストールすれば日本語化できます。パッケージをインストールするには、［File］メニューの［Settings］をクリック（Macの場合は［Atom］メニューの［Settings］をクリック）し、設定画面を表示して以下のように操作します。本書では以降、日本語化したAtomで操作方法を解説しています。

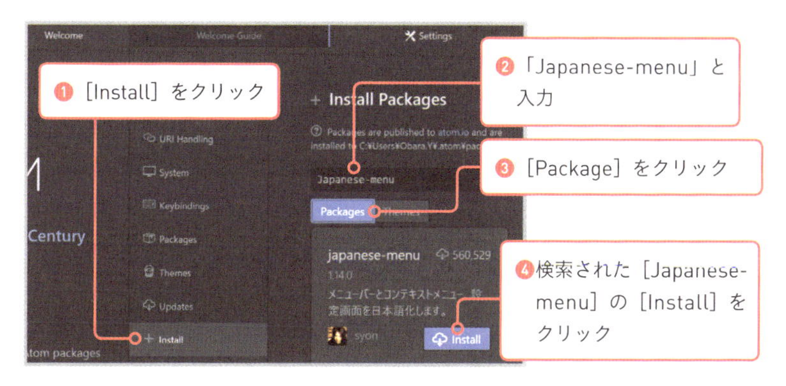

NO 04

最初のプログラムを入力する

まずは簡単なプログラムを書いてみよう。Atomで書いたものをChromeの「コンソール」で動かすんだよ

「コンソール」ってはじめて聞く言葉です。何なんでしょう…？

プログラムを実行してその結果を確認するためのツールだよ。Chromeのデベロッパーツールに含まれているんだ

Chromeのコンソールでプログラムを動かす

Chromeには開発支援機能の「デベロッパーツール」が付属しています。その中の機能が「コンソール」です。コンソールでは、Webページ内で動作しているプログラムのエラーを確認できるほか、JavaScriptのプログラムを入力して実行することもできます。

本来JavaScriptのプログラムを動かすにはHTMLファイルに読み込ませなければいけません。本書では学習しやすくするために、Chapter 4まではAtomでプログラムを書いてから、コンソールにコピー＆ペーストして実行します。

「console.log」メソッドで文字を表示する

最初に入力するプログラムとして、まずは基本的なメソッドの1つである「console.log」を使ってみましょう。メソッドとは、簡単にいえばコンピュータに対する「命令」です。console.logは「コンソールに表示しろ」という命令で、「何を」という目的語に当たるものをconsole.logのあとのカッコ内に書きます。

■chap1-4-1.js

コンソール　表示しろ　文字列「ハロー！」

```
1  console.log( 'ハロー！' );
```

例文の「ハロー！」という文字を「'（シングルクォート）」で囲んでいるのは、console.logなどの命令と、ただの文字を区別するためです。「'」で囲まれた部分は、プログラミングでは「文字列」と呼びます。「'」の代わりに「"（ダブルクォート）」を使うこともできますが、本書では「'」で統一します。

読み下し文

1　文字列「ハロー！」をコンソールに表示しろ。

プログラムはコンピュータに対する命令の集まりなんだよ

書き方は英文法と似ていますね。「命令」という述語のあとに、「何を」に当たる目的語が続くところとか

それを日本語に読み下すと、述語と目的語が入れ替わって上の例のようになるんだね

最後の「;（セミコロン）」は何ですか？

それは文の終わりを表す記号だ。日本語の「。」みたいなものだよ

「console.log」は「console」と「log」の2つの言葉が組み合わさったものです。そこには深い意味があるのですが、それについてはもう少しあとで説明します。まずはプログラムを実行する操作を覚えましょう。

Atomでプログラムを入力して保存しよう

なぜ一回Atomで入力するんですか？　コンソールに直接入力してもいいですよね

それだと間違えたときに最初から入力し直しになっちゃうよ。プログラムには入力ミスが付き物だからね

プログラムを動かすのはコンソールの役目ですが、プログラムを書くのはAtomなどのテキストエディタで行います。コンソールにも直接入力できますが、実行してミスがあった場合、最初から入力し直さないといけません。テキストエディタで入力していれば、修正して貼り付け直すだけで済みます。

それではAtomでファイルを新規作成し、プログラムを入力してファイルとして保存してみましょう。**プログラムは原則的に半角英数字で入力し、アルファベットの大文字と小文字も区別されるので間違えないようにしてください**。例外は「'」や「"」で囲まれた文字列の部分だけで、この中だけは全角文字も使用可能です。

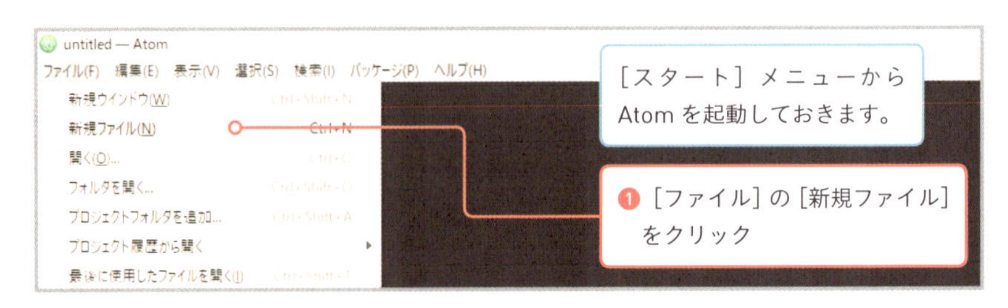

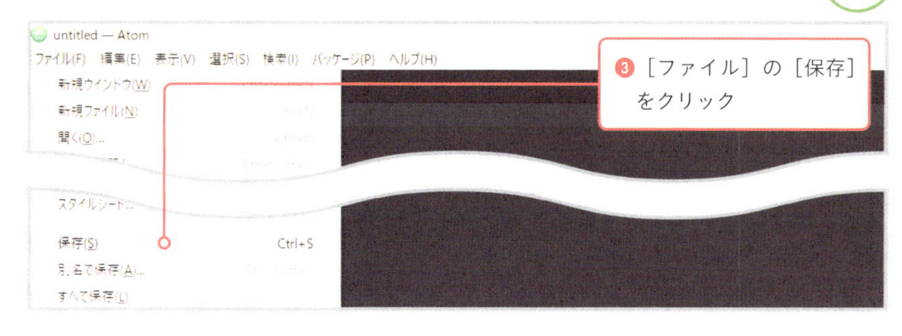

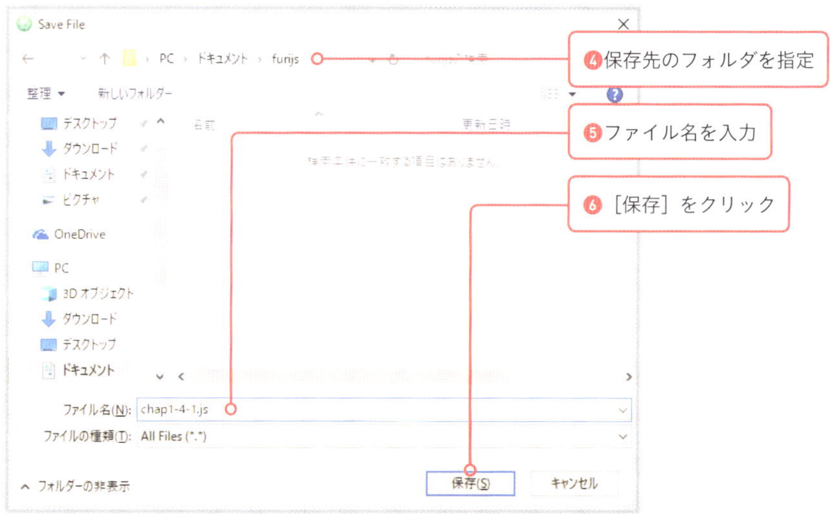

プログラムの保存場所やファイル名は何でもかまいませんが、本書ではドキュメントフォルダ内に「furijs」というフォルダを作成して保存します。また、ファイル名の末尾には「.js」という拡張子を付けてください。

保存したファイルを再度編集するには

保存したファイルは、Atomで開いて編集を再開できます。ファイルを開くには、メニューから［ファイル］-［開く］をクリックし、表示されるダイアログボックスで目的のファイルを選択して［開く］をクリックします。
なお、JavaScriptのプログラムファイルの拡張子（かくちょうし）は「.js」です。拡張子はファイル名の末尾に付くファイルの種類を表す文字列で、Windowsの初期設定では非表示になっています。

プログラムをコンソールに貼り付けて実行する

コンソールを表示して、Atomで入力したプログラムを貼り付けて実行してみましょう。デベロッパーツールは、F12キー（Macではcommand＋option＋Iキー）を押しても表示できます。

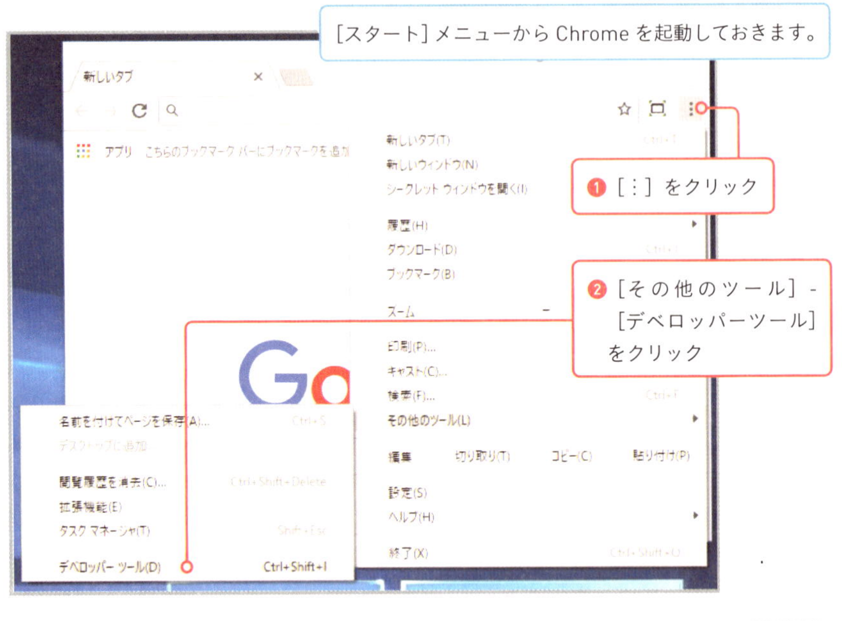

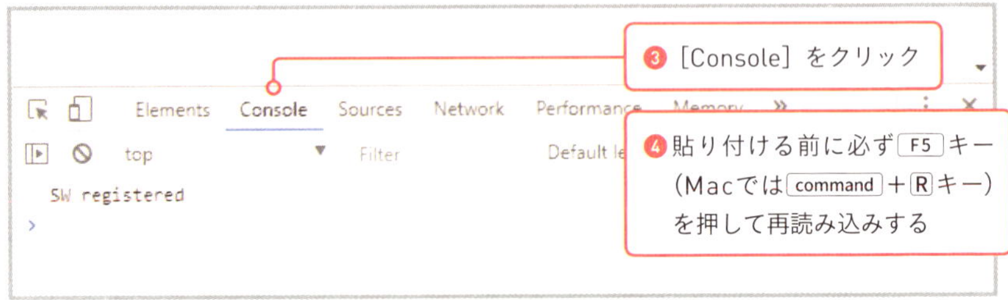

何度もコンソールを開くのは面倒だから、開いたままでもいいよ。ただし、以前貼り付けたプログラムが残っているとうまく動作しないことがあるから、Atomから貼り付ける前に再読み込みするクセを付けておこう

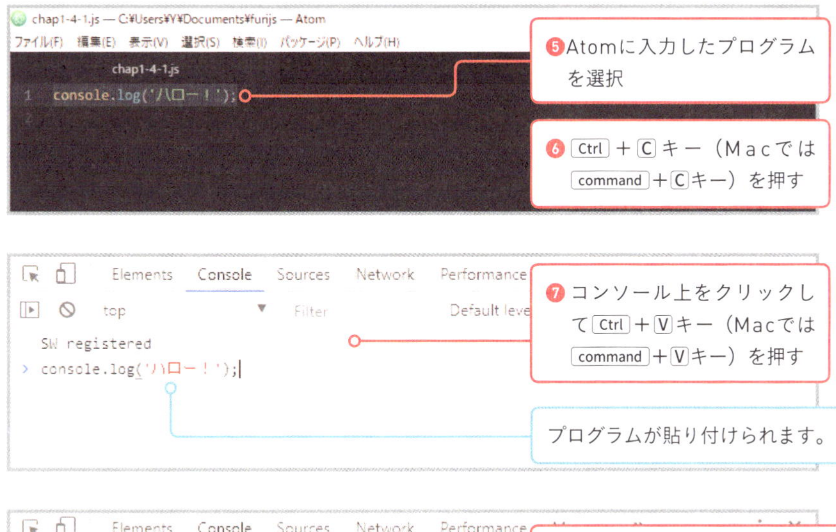

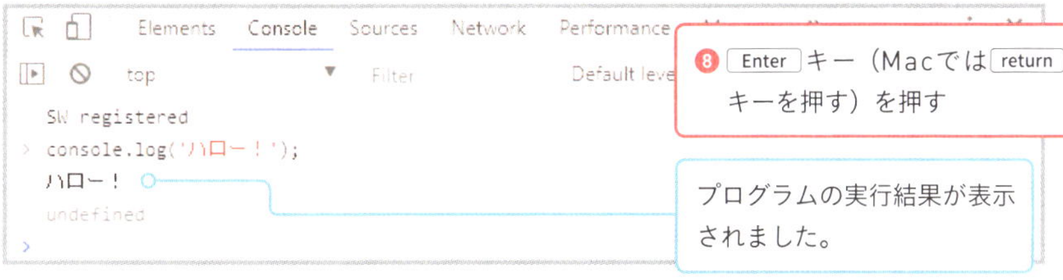

このあとも何度も繰り返す操作だからよく覚えておいてね。Atomで入力したプログラムをコンソールにコピー&ペーストして Enter キーで実行する

デベロッパーツールを分離しているとpromptメソッドが使えない

デベロッパーツールの表示位置は、初期設定ではウィンドウの右側になりますが、本書では表示位置をウィンドウ下側に固定します。なお、デベロッパーツールを別のウィンドウに独立して表示することもできますが、その場合、少しあとで説明するpromptメソッドなどが動作しません。ウィンドウの一部にして使ってください。

Console Sources Network »
Dock side
Show console drawer Esc

［⋮］をクリックし、表示位置を選択します。

NO 05 演算子を使って計算する

JavaScriptでは「式」を使って四則計算ができるんだ。「演算子（えんざんし）」の使いこなしが重要になるよ

「式」はわかりますけど、「エンザンシ」って言葉がもう難しそうですね……

大丈夫。算数で勉強した紙に書いた式と基本的に変わりない。演算子は「+」や「-」などの記号のことだよ

演算子と数値を組み合わせて「式」を書く

プログラムで計算するには算数の授業で習うものに似た「式」を書きます。算数の四則計算では「+」「-」「×」「÷」などの記号を用いて式を書きますが、JavaScriptでこれらの記号に当たるものが「演算子」です。どの演算子を使うかによって、組み合わせる値同士をどのように計算するかが決まります。

演算子もメソッドと同様に「命令」なので、「+」であれば「足した結果を出せ」と読み下すことができます。

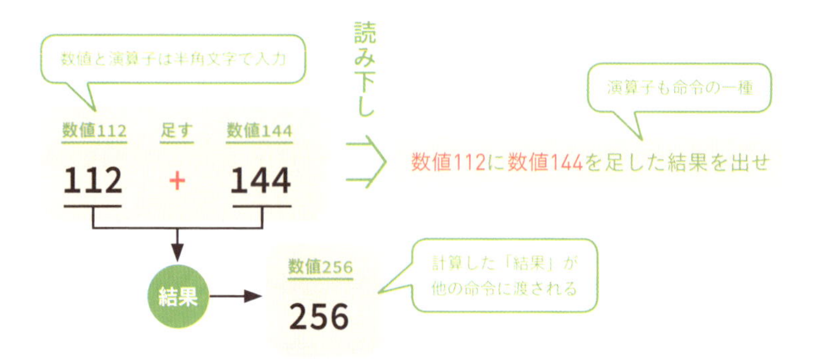

演算子を使えば、基本的な四則演算の他に、べき乗、割り算の「余り」などを

求められます。「+」や「-」は紙に書く式の記号と同じですが、掛け算や割り算の演算子は別の記号に置き換えられています。

足し算と引き算

実際に式を書いて、その計算結果を求めてみましょう。計算結果を表示するには、console.logメソッドの目的語としてカッコの中に式を書きます。文字列ではないので、数値や式を書く際は「'」で囲まないでください。

■chap1-5-1.js

```
   コンソール  表示しろ 数値10 足す 数値5
1  console.log( 10 + 5 );
   コンソール  表示しろ 数値10 引く 数値5
2  console.log( 10 - 5 );
```

これを読み下す場合、まずはカッコの中の式を優先します。先に演算子も命令の一種だと説明しましたが、このように命令（上の場合はconsole.logメソッド）の中に別の命令（演算子）を書く、命令の入れ子のような書き方がプログラミングではよく出てきます。

読み下し文

1 **数値10に数値5を足した結果をコンソールに表示しろ。**

2 **数値10から数値5を引いた結果をコンソールに表示しろ。**

新しいファイルを作成し、実際に入力してみましょう。例文のように複数行のプログラムを書いた場合、上の行から順に実行された結果が表示されます。

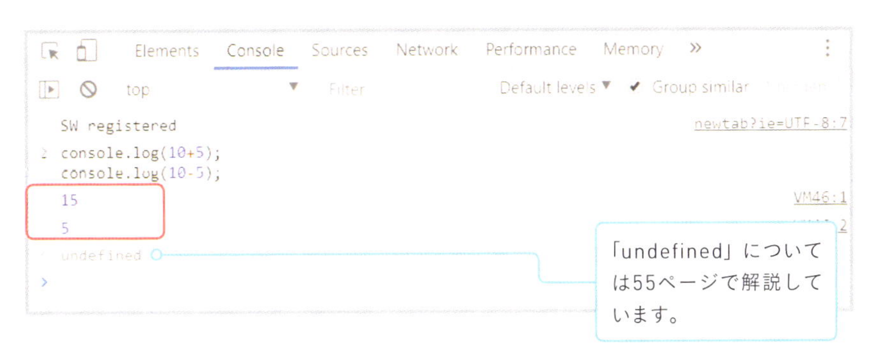

掛け算と割り算

掛け算では「* （アスタリスク）」、割り算では「/ （スラッシュ）」を用います。なお、割り算では数値の0で他の数値を割ろうとするとエラーになる点に注意してください。足し算や引き算と同様に、カッコ内の計算結果が求められてから、console.logによる「表示しろ」という命令が実行されます。

■chap1-5-2.js

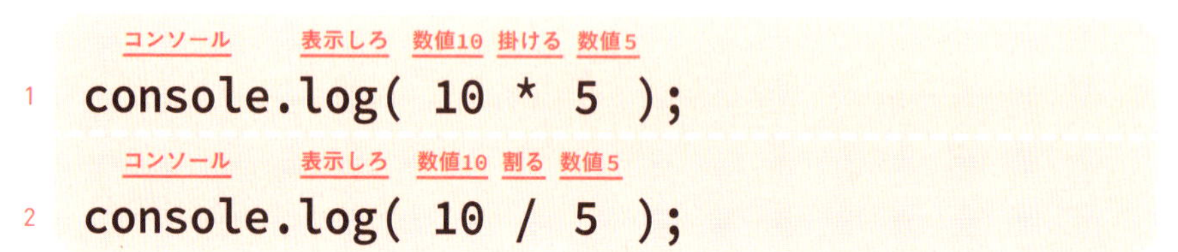

読み下し文

1 数値10に数値5を掛けた結果をコンソールに表示しろ。

2 数値10を数値5で割った結果をコンソールに表示しろ。

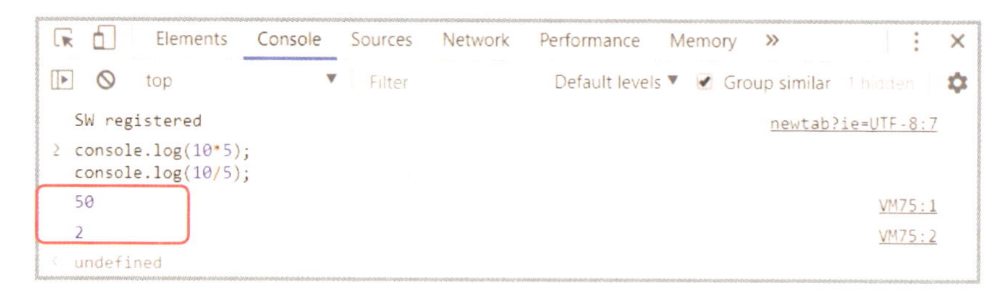

主な計算用演算子一覧

演算子	読み方	例
+	左辺に右辺を足した結果を出せ	2 + 3
-	左辺から右辺を引いた結果を出せ	7 - 4
*	左辺に右辺を掛けた結果を出せ	6 * 2
/	左辺を右辺で割った結果を出せ	10 / 5
%	左辺を右辺で割った余りを出せ	23 % 9
**	左辺の右辺乗の結果を出せ	6 ** 2

※左辺は演算子の左側にあるもの、右辺は右側にあるものを指す

整数と実数

プログラムで扱う数値には整数と実数の2種類があります。整数は小数点以下のない「-900」「0」「4000」のような数字で、実数は小数点を含む数値です。小数点を含まずにそのまま書いた場合は整数になり、「.(ピリオド)」を入れて「0.5」のように書くと実数になります。

■chap1-5-3.js

コンソール　表示しろ　数値2　足す　数値0.5

```
1  console.log( 2 + 0.5 );
```

読み下し文

1　数値2に数値0.5を足した結果をコンソールに表示しろ。

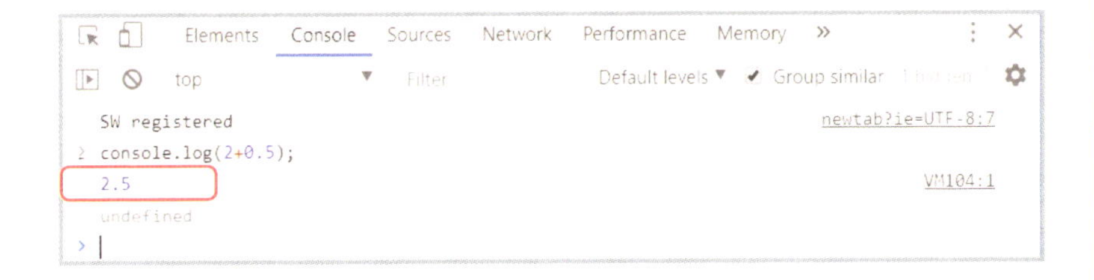

同じ数値でも扱いが違うんですね

あとで説明するけどJavaScriptでは整数も実数も同じNumber型のデータなんだ。ただ、プログラミングの一般論として整数と実数は分けて扱うことが多いね

整数同士のほうが計算が高速

「2+0.5」のように実数と整数を含む式を実行すると、計算結果は実数の「2.5」になります。整数同士の計算のほうが圧倒的に速いので、特に理由がなければ整数のみで式を書きましょう。

NO 06 長い数式を入力する

プログラムでは1つの式に演算子が複数入った複雑な計算もできるよ

算数では掛け算と割り算が先、足し算、引き算があとになると習いました

そう！　JavaScriptの式も基本的にその原則どおりの順番で計算が実行されるんだ

長い式では計算する順番を意識する

演算子を複数組み合わせれば、1行で複雑な計算ができる長い式を書くことができます。その際に注意が必要なのが演算子の優先順位です。演算子の優先順位が同じなら左から右へ出現順で計算されますが、順位が異なる場合は順位が高いものから先に計算します。例えば*（掛け算）は、+（足し算）や-（引き算）より優先順位が高いので、先に計算します。

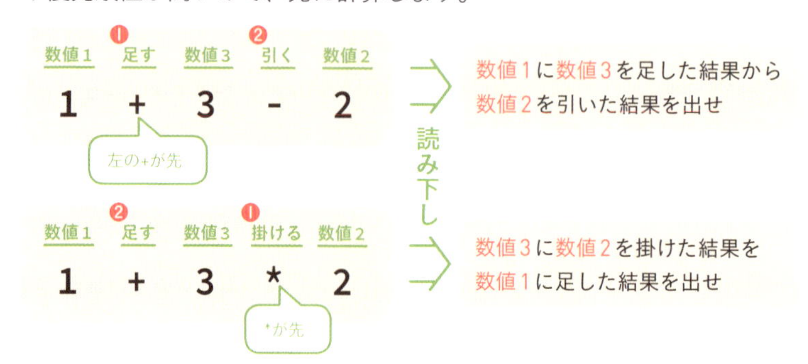

JavaScriptの演算子の優先順位を右ページの表にまとめました。読み下し方が変わってくるので、本書では複数の演算子が出現するわかりにくい式に限って、丸数字で優先順位を示します。

演算子の優先順位一覧

順位	演算子	説明
1	(式)	グループ化
2	オブジェクト.プロパティ、配列[]、new クラス名()	メンバーアクセス、インスタンス作成
3	メソッド()、new クラス名(引数)	メソッド呼び出し、インスタンス作成
4	変数++、変数--	後置インクリメント、後置デクリメント
5	!、~、+値、-値、++変数、--変数、typeof、void、delete	論理NOT、ビット単位のNOT、正数、負数、型表示、void、削除
6	**	べき乗
7	*、/、%	掛け算、割り算、余り
8	+、-	加算および減算
9	<<、>>、>>>	ビットシフト
10	<、<=、>、>=、in、instanceof	比較、帰属テスト、型比較
11	==、!=、===、!==	比較
12	&	ビット単位のAND
13	^	ビット単位のXOR
14	|	ビット単位のOR
15	&&	論理AND
16	||	論理OR
17	?:	条件
18	=、+=、-=、*=、=、/=、%=、<<=、>>=、>>>=、&=、^=、|=	代入
19	yield	yield
20	...	スプレッド
21	,	カンマ（引数や式の並列）

今は計算に関係するものだけ知っておけば十分。あとはちょっとずつ覚えていこう

この表で計算に関係するものは、順位5の「正数、負数」、順位7の「掛け算、割り算」、順位8の「加算、減算」、順位1の「グループ化」です。

同じ優先順位の演算子を組み合わせた式

まずは同じ順位の演算子を組み合わせた式を使ってみましょう。すべて「+」なので、計算は左端の「+」から右に向かって順番に実行されます。

■chap1-6-1.js

コンソール　表示しろ　数値2　❶足す　数値10　❷足す　数値5

```
1 console.log( 2 + 10 + 5 );
```

読み下し文

1 数値2に数値10を足した結果に数値5を足した結果をコンソールに表示しろ。

計算結果は以下のようになります。

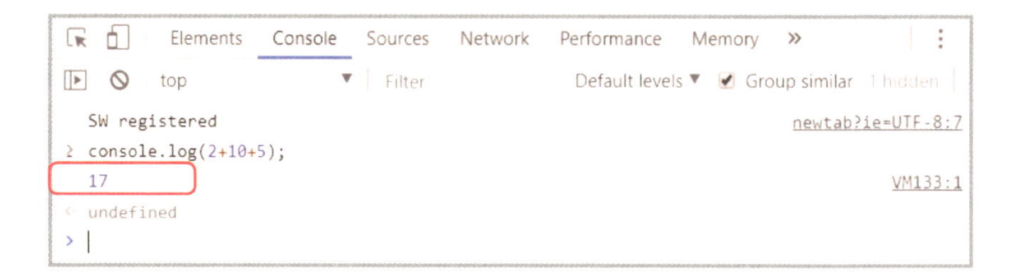

最初に1つ目の「+」によって「2+10」が計算されて「12」という結果が出ます。2つ目の「+」はその結果と数値5を足すので、「12+5」が計算されて17という結果が求められます。

最後にその結果がconsole.logメソッドに渡されて「17」と画面に表示されます。

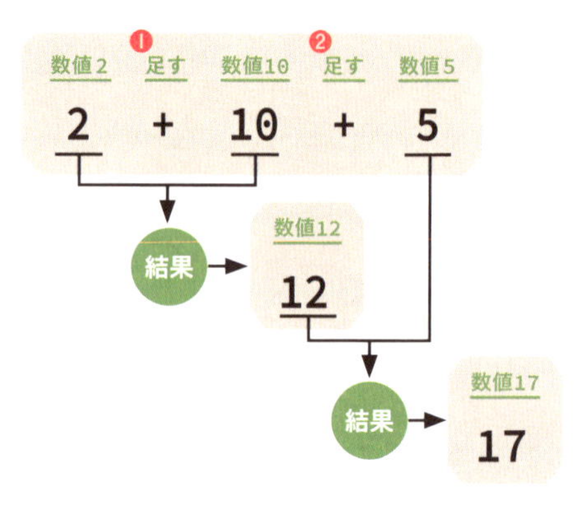

29ページの表を見るとわかるように「+」と「-」、「*」と「/」はそれぞれ優先順位が同じですから、それらを組み合わせた場合も、同じように左から右へ実行されます。

優先順位が異なる演算子を組み合わせた式

「+」と「*」のように、優先順位が異なる演算子を組み合わせた式を試してみましょう。chap1-6-1.jsの2つ目の「+」の代わりに「*」を書きます。それ以外は同じですが、優先順位が異なる計算結果も変わってきます。

■chap1-6-2.js

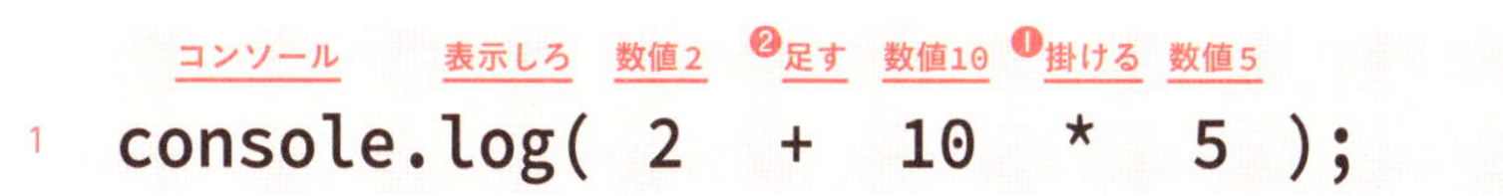


```
1 console.log( 2 + 10 * 5 );
```

読み下し文

1 数値10に数値5を掛けた結果を数値2に足した結果をコンソールに表示しろ。

計算結果は次のように「52」となります。

この式では先に「10*5」という計算が行われます。その結果の50が2に足されるので、最終結果は52になります。

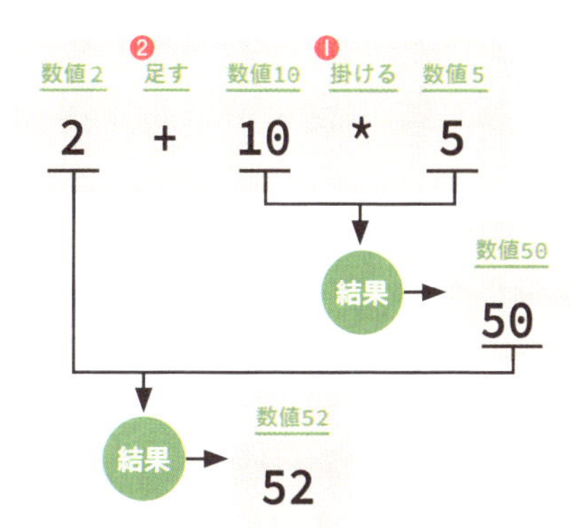

「途中で一時的な結果が出る」ことをイメージするのが重要だよ。そうしないとあとで出てくるメソッドや変数が混ざった式の意味がわからなくなるんだ

カッコを使って計算順を変える

優先順位が低い演算子を先に計算したい場合は、その部分をカッコで囲みます。このカッコはカッコ内の式の優先順位を一番上にする働きを持ちます。この働きを「グループ化」といいます。29ページの表で探してみてください。

■chap1-6-3.js

コンソール　表示しろ　数値2　❶足す　数値10　❷掛ける　数値5

```
1 console.log( (2 + 10) * 5 );
```

カッコ内の「+」のほうが優先順位が上がるので、「2+10」の結果に5を掛けろという読み下し文になります。

読み下し文

1 数値2に数値10を足した結果に数値5を掛けた結果をコンソールに表示しろ。

このプログラムを実行すると「60」と表示されます。

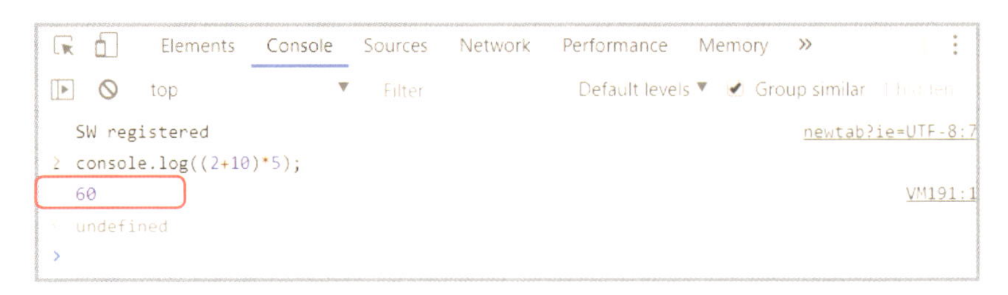

カッコの中にカッコが入れ子になった式

カッコの中に、さらにカッコが入った式を書くこともできます。その場合は「より内側にある」カッコが優先されます。

■chap1-6-4.js

コンソール　表示しろ　数値5　❸割る　数値4　❷掛ける　数値1　❶引く　数値0.2

```
1 console.log( 5 / (4 * (1 - 0.2)) );
```

カッコの優先順位を反映すると、次のような読み下し文になります。

読み下し文

1　**数値1から数値0.2を引いた結果を数値4に掛け、その結果で数値5を割った結果をコンソールに表示しろ。**

内側のカッコが最優先なので、「1-0.2」が先に計算されて0.8という結果が出ます。次に「4*0.8」が計算されて3.2という結果が出ます。最後に「5/3.2」が計算され、1.5625という結果が表示されます。

カッコが重なるとややこしいですねー。console.logメソッドのカッコもありますし

とにかく内側のカッコほど優先すると覚えておこう

負の数を表す「-」

「-」という演算子は書く場所によって意味が変わります。左側にあるものが数値なら「引く」という意味になりますが、それ以外の場合は「負の数」を表します。また、負数の「-」は「*」や「/」よりも優先順位が上がります。「-5は-演算子と数値5の組み合わせだ」と考えなくても正しい結果（以下の例の結果は-48ですね）は予想できると思いますが、場所によって意味が変わる演算子もあることは頭のすみに入れておいてください。

■chap1-6-5.js

コンソール　表示しろ　数値2　❸足す　数値10　❷掛ける　❶数値-5

```
console.log( 2 + 10 * -5 );
```

NO 07

変数を使って計算する

次は「変数（へんすう）」について学習しよう。変数はプログラムを効率的に書くために欠かせない要素の1つだよ

変数ですか。プログラムの中でコロコロ変わっていく数字という意味ですか？

イメージとしては近いかもね。ただ、変数では数値だけじゃなく、文字列も扱うことができるんだ

変数とは？

数値や文字列などのデータ類をまとめて「値（あたい）」と呼びます。同じ値を複数箇所で何度も使う場合、プログラムに値を直接入力していると、値を修正しなければいけなくなったときに手間がかかってしまいます。

このように**事前に繰り返し使うことがわかっている値は、「変数」に入れておきます**。「変数」は何らかの値を記憶できる箱のようなものと思ってください。

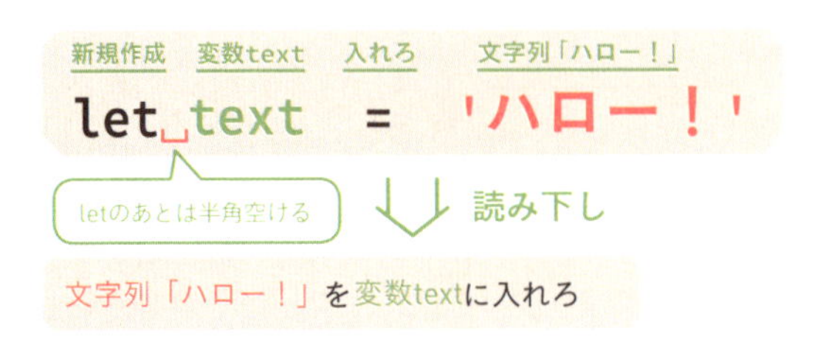

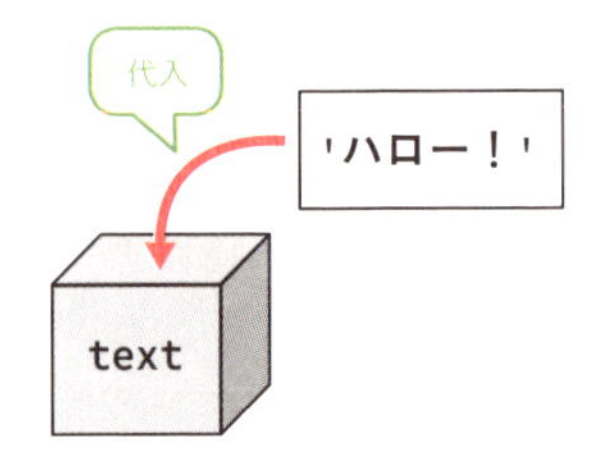

先頭のletは、英語の数学で「let x be ○○（xを○○とする）」と書くのに由来しています。ただし、JavaScriptのletは「変数を新たに作れ」という意味で、変数に値を設定（代入）するのは=（イコール）演算子のほうです。ですから本書では、**letに「（変数の）新規作成」、「=」に「入れろ」というふりがなを振ります**。

変数を作成してその値を代入する

文字列を変数に記憶して、それを表示するプログラムを書いてみましょう。1行目で「ハロー！」という文字列を変数「text」に入れています。2行目ではconsole.logメソッドの目的語に変数「text」を使います。

■chap1-7-1.js

```
   新規作成  変数text 入れろ 文字列「ハロー！」
1  let␣text = 'ハロー！';
     コンソール  表示しろ  変数text
2  console.log( text );
```

すでに説明したようにletには変数を新しく作るという意味があります。そこで「新規作成した変数」と読み下します。そこに値を入れるので、「let 変数 = 値」は「値を新規作成した変数に入れろ」となります。なお、作成済みの変数に別の値を入れるときは「let」は不要です。

値を入れた変数は値の代わりに使えます。ですから「console.log(text)」は「変数textの内容をコンソールに表示しろ」または「変数textをコンソールに表示しろ」と読み下せます。

読み下し文

1 **文字列「ハロー！」を、新規作成した変数textに入れろ。**

2 **変数textをコンソールに表示しろ。**

プログラムの実行結果は以下のとおりです。変数textには文字列「ハロー！」が入っているので、それがconsole.logメソッドで表示されます。

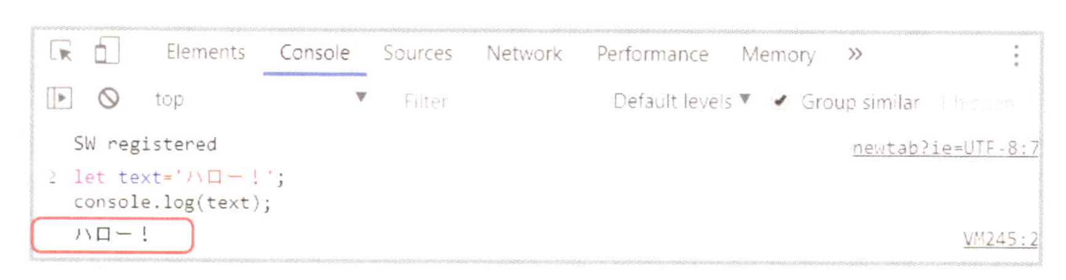

「console.log('ハロー！')」って書いたときと結果が同じですよね？　何の意味があるんですか？

今の例は書き方を説明しただけだからね。次はもう少し実用的な例を試してみよう

変数を使うメリットは？

次の例は、2つの変数を使用しています。変数kakakuに何かの商品の定価を入れると、消費税額を含めた売値を割り出して変数urineに入れ、それを表示するというプログラムです。

■chap1-7-2.js

新規作成　変数kakaku　入れろ　数値100

```
1  let kakaku = 100;
```

新規作成　変数urine　入れろ　変数kakaku　掛ける　数値1.08

```
2  let urine = kakaku * 1.08;
```

コンソール　表示しろ　変数urine

```
3  console.log( urine );
```

読み下し文

1　数値100を、新規作成した変数kakakuに入れろ。

2　変数kakakuに数値1.08を掛けた結果を、新規作成した変数urineに入れろ。

3　変数urineをコンソールに表示しろ。

変数kakakuに100を入れて計算させたので、結果は108となります。

```
SW registered                                newtab?ie=UTF-8:7
> let kakaku=100;
  let urine=kakaku*1.08;
  console.log(urine);
  108                                               VM272:3
```

1行目の変数kakakuに入れる数値を150に変更してみましょう。それだけで2行目以降が出す結果が変わります。

■chap1-7-3.js

```
新規作成 変数kakaku 入れろ 数値150
1 let␣kakaku = 150;
新規作成 変数urine 入れろ 変数kakaku 掛ける 数値1.08
2 let␣urine = kakaku * 1.08;
コンソール 表示しろ 変数urine
3 console.log( urine );
```

読み下し文

数値150を、新規作成した変数kakakuに入れろ。

変数kakakuに数値1.08を掛けた結果を、新規作成した変数urineに入れろ。

変数urineをコンソールに表示しろ。

```
SW registered                                   newtab?ie=UTF-8:7
> let kakaku=150;
  let urine=kakaku*1.08;
  console.log(urine);
  162                                           VM299:3
```

なぜそうなるのか、以下の図でプログラムの流れを追いかけてみてください。変数kakakuの値を変えると、それを参照している部分すべての結果が変わっています。このように変数を使えば、**プログラムをほとんど書き替えずに違う結果を出せる**のです。

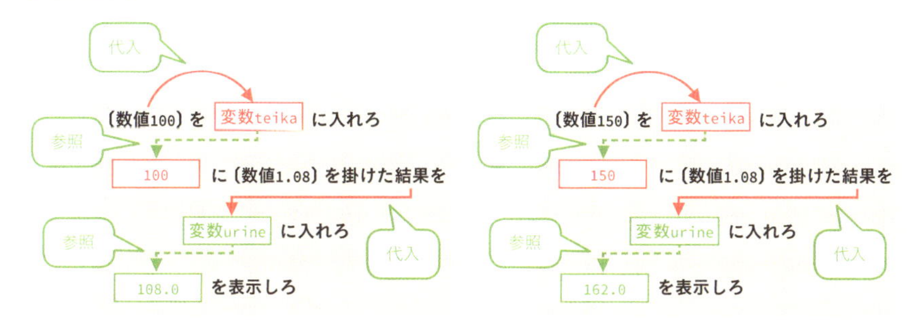

NO 08

変数の命名ルールとスペースの入れどころ

さっきは説明しなかったけど、変数の名前に使える文字には制限があるから、それを使って命名しないといけないよ

へー、何でそんな決まりがあるんですか？

それはね、Webブラウザの中にあるJavaScriptインタープリタがプログラムを解読する仕組みと関係があるんだ

変数の命名ルールを覚えよう

変数の命名ルールを3項目に分けて説明します。この命名ルールはメソッドや関数でも共通です。これらは守らないとプログラムが正しく動かない最低限のルールで、その他に読みやすいプログラムを書くための慣習的なルールもあります。

❶半角のアルファベット、アンダースコア、数字を組み合わせて付ける

アルファベットのa〜z、A〜Z、_（アンダースコア）、$（ダラー）、数字の0〜9を組み合わせた名前を付けることができます。

実は漢字などの全角文字も許可されているのですが、半角の演算子やメソッドと混在することになり、入力が面倒になるのでおすすめしません。

❷数字のみ、先頭が数字の名前は禁止

ただし、数字のみの名前は数値と区別できないので禁止です。また、名前の先頭を数字にすることも禁止されています。

OKの例：	answer	name1	name2	my_value	text	BALL
NGの例：	!mark	12345	1day	a+b		

❸予約語と同じ名前は禁止

以下に挙げるキーワードを「予約語」といい、JavaScriptで別の目的で使用することが決まっています。例えば次のChapter 2で登場するtrue、false、if、elseは条件分岐のために使うキーワードなので、変数名に使うことはできません。ただし、「trueStory」のように他の文字と組み合わせた場合はOKです。「true」のみの単独の名前としては使えないということです。

break	case	catch	continue	debugger	default	delete
do	else	finally	for	function	if	in
instanceof		new	return	switch	this	throw
try	typeof	var	void	while	with	class
enum	export	extends	import	super	implements	
interface	let	package	private	protected	public	static
yield	null	true	false			

数学の数式みたいに、aとかxとかのアルファベット1文字の名前を付けることもできるよ。ただし使いすぎは禁物だ

どうしてですか？　短くて入力しやすいのに

aやxという名前だけ見ても、何のための変数かわからないだろう。textなら文字が入っていること、kakakuなら価格が入っていると予想が付く

なるほど、名前の付け方でも、プログラムのわかりやすさが左右されるんですね

インタープリタがプログラムを実行する

インタープリタ（interpreter）は「通訳者」という意味で、プログラムを読んで実行する機能を指します。JavaScriptのインタープリタはWebブラウザの中に入っています。

スペースの入れどころ

サンプルプログラムでは、演算子の前後にスペースが入っているように見えるんですが、入れたほうがいいんですか？

ふりがなのための空きだから入れなくてもいいよ

え、どっちがいいんですか？　決めてくださいよ

絶対にスペースで区切らないといけないところはあるんだけど、それ以外は読みやすさの問題なんだよね

JavaScriptのプログラムには、半角スペースで絶対に区切らないといけない部分があります。それ以外は入れても入れなくても結果は変わりません。それを見分けるポイントは、変数名に使える文字かどうかです。

JavaScriptで書いたプログラムはWebブラウザ内の「JavaScriptインタープリタ」が解釈して実行します。JavaScriptインタープリタは、プログラムを1文字ずつたどっていって、変数、演算子、メソッド、数値などを識別します。識別の基準は文字の種類です。

例えば「answer=value1+124;」のようにまったく区切らないプログラムがあったとしても、演算子の「=」と「+」は変数の名前としてNGな記号なので、そこで区切られると見なします。

つまり、演算子が途中に入っていれば、変数との間に半角スペースが入っても入らなくても結果は同じです。

次は半角スペースを入れないといけないケースです。letなどの予約語は、変数名に使える文字でできています。そのため、**予約語と変数の間を空けなかったら、1つの言葉と見なされます**。例えば「let answer」の間を空けずに詰めて「letanswer」と書くと意味が変わってプログラムが正しく解釈されなくなります。この場合は絶対に1つ以上の半角スペースで空けなければいけません。

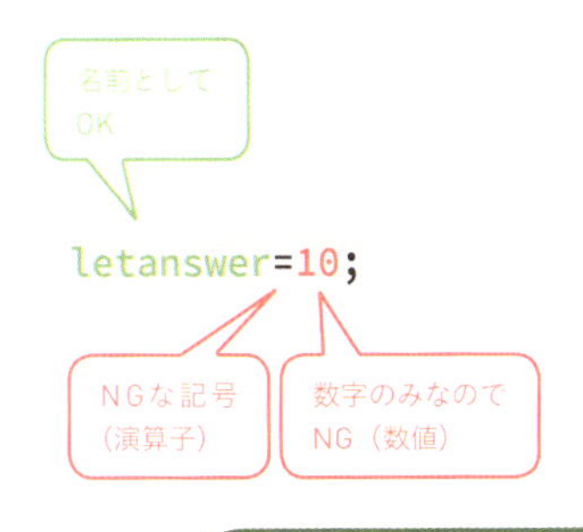

JavaScriptインタープリタ

なんか難しい話でしたね……

とりあえず「予約語と変数の間は半角スペースを入れる」って覚えておけば大丈夫だよ

JavaScriptの変数の作り方は複数ある

実は「letanswer=10;」と書いてもエラーにはならず、letanswerという名前の変数が作られます。JavaScriptの古いバージョンとの互換性を保つために、「let」なしでも変数が作成できるようになっているからです。
ES2015（ES6）ではletかconstを使うことをおすすめします。

予約語	説明
なし	かなり古い方法で副作用（意図しない結果になること）があります。使うことはおすすめしません。
var	ES5で主流の書き方で、現在も多くのプログラムで使われています。
let	ES2015で追加されたものです。varより制限がある代わりに副作用が少なくなっています。
const	ES2015で追加されたもので、一度しか代入できません。値を書き替えてはいけないことを明示したいときに使います。

NO 09 データの入力を受け付ける

次はデータを入力してもらうためのプログラムを作ってみよう。prompt（プロンプト）メソッドを使うよ

プロンプトって何ですか？

「ユーザーに入力をうながす」って意味なんだ。JavaScriptだと入力用のダイアログボックスが表示されるよ

promptメソッドとは？

19ページで解説したconsole.logは指定したデータを「出力（表示）」するのに対して、promptはユーザーに対してデータの「入力」を求めるメソッドで、実行するとユーザーからのデータ入力を受け付けます。promptメソッドの書き方は下図のとおりです。メソッド名に続くカッコの中には、ユーザーに入力をうながすメッセージを指定します。

入れろ　入力させる

```
変数 = input( 'メッセージ文字列' );
```

「メッセージ文字列」を表示してユーザーに入力させ、結果を変数に入れろ

console.logメソッドと大きく違う点は、promptメソッドは**ユーザーがキーボードから何かを入力したら、その結果の文字列を返してくる**という点です。メソッドが返す値を「戻り値（もどりち）」といいます（48ページ参照）。

promptメソッドの戻り値は、あとで使うときのために変数に入れておきます。そのためpromptメソッドの書き方は、「変数=prompt()」という計算の式のような書き方になります。

入力した内容をそのまま表示するプログラムを作る

実際にpromptメソッドを使ってみましょう。以下の例は「入力せよ」というメッセージを表示して、ユーザーからの入力を求めるプログラムです。ユーザーに入力させた文字列はいったん変数に入れ、次の行でconsole.logメソッドを使って表示させます。

■chap1-9-1.js

新規作成 変数text 入れろ 入力させる 文字列「入力せよ」

```
1 let␣text = prompt( '入力せよ' );
```

コンソール 表示しろ 変数text

```
2 console.log( text );
```

読み下し文

1 文字列「入力せよ」を表示してユーザーに入力させた結果を、新規作成した変数textに入れろ。

2 変数textをコンソールに表示しろ。

実際にプログラムを動かしてみましょう。これまでのプログラムは実行したらコンソールに結果が表示されて終わりでしたが、今回はユーザーが操作する必要があります。

まず、「入力せよ」というメッセージ付きのダイアログボックスが表示され、入力待機状態になります。ここで何でもいいので文字を入力して［OK］ボタンをクリックすると、2行目に進みます。

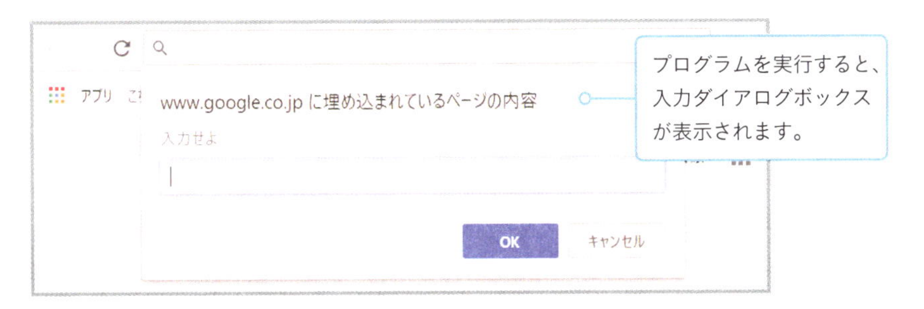

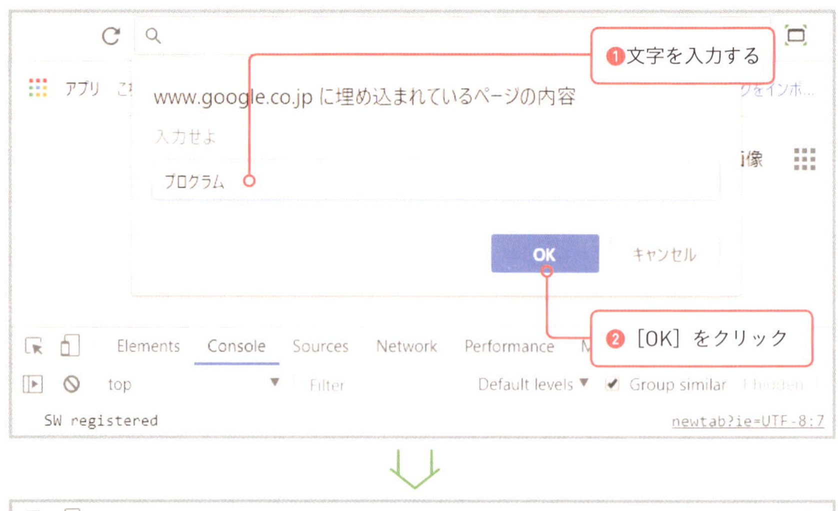

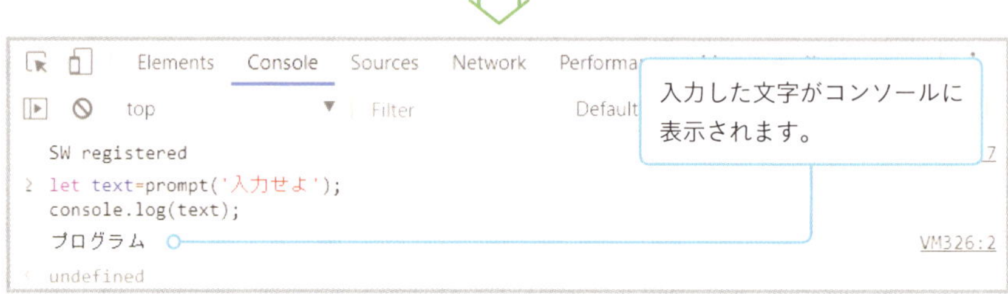

入力結果をちょっと加工して表示する

同じものを表示するだけでは面白くないので少しだけ加工してみましょう。ユーザーが入力したデータに、文字列を追加してみます。

■chap1-9-2.js

```
let text = prompt( '入力せよ' );
console.log( '入力したのは' + text );
```

（ふりがな：1行目 新規作成 / 変数text / 入れろ / 入力させる / 文字列「入力せよ」、2行目 コンソール / 表示しろ / 文字列「入力したのは」 / 連結 / 変数text）

ここで注目してほしいのが、+演算子のふりがなです。「+」は左右に数値があればそれを足せという命令ですが、左右のどちらかが文字列の場合、両者を「連結せよ」という命令に変化します。

読み下し文

1 **文字列「入力せよ」を表示してユーザーに入力させた結果を、新規作成した変数textに入れろ。**

2 **文字列「入力したのは」と変数textを連結した結果をコンソールに表示しろ。**

実行結果は以下のようになります。ユーザーが入力したデータの前に、「入力したのは」という文字列が追加されることが確認できます。

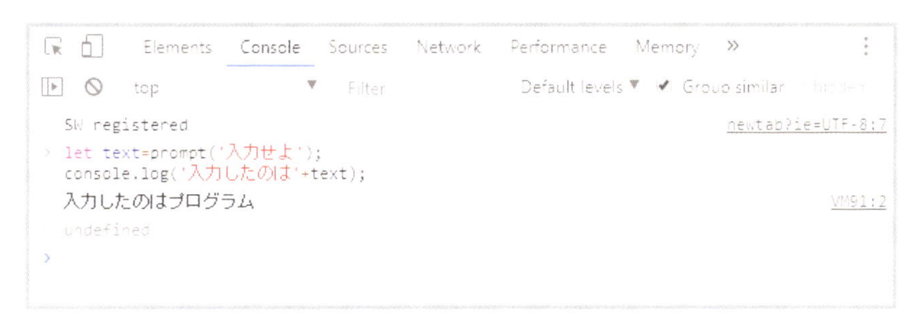

console.logもよく使いますけど、promptも大事なメソッドなんですね。絶対にマスターしないと！

もちろん覚えたほうがいいけど、どっちかといえば学習用のメソッドなんだよ

実際のWebページでpromptメソッドは使わない

promptメソッドで入力ダイアログボックスを表示している間、プログラムは一時停止してしまいます。そのため実際のWebページで使うことはまれです。ユーザーに入力してもらいたいときは、HTMLのフォームを利用します。
また、console.logメソッドも、本来の目的は一般のユーザーに見せない形で開発者向けの情報を表示することです。プログラムの動作確認のために使うことはありますが、Webページでユーザーに結果を見せたい場合はWebページの内容を書き替えるのが普通です。
これらについてはChapter 5で解説します。

NO 10

数値と文字列を変換する

promptメソッドで入力した数値を使って計算したら、結果が何か変なんですよ……

それはデータの「型」が正しくなかったんだよ。計算する前に数値に変換しないといけない

データの「型」とは？

これまでに「文字列」や「数値」などのデータを扱ってきましたが、このようなデータの種類のことを「型（Type）」と呼びます。型の名前も決められており、文字列はstring（ストリング）型、数値の場合はNumber（ナンバー）型です。

promptメソッドの戻り値は、内容が数字であっても常にstring型です。そのため次のプログラムは結果がおかしくなります。

■chap1-10-1.js

```
let kakaku = prompt( '価格を入力せよ' );
console.log( kakaku + 80 );
```

（1行目の注記：新規作成／変数kakaku／入れろ／入力させる／文字列「価格を入力せよ」）
（2行目の注記：コンソール／表示しろ／変数kakaku／連結／数値80）

読み下し文

1 文字列「価格を入力せよ」を表示してユーザーに入力させた結果を、新規作成した変数kakakuに入れろ。

2 変数kakakuに数値80を連結した結果をコンソールに表示しろ。

変数kakakuにはpromptメソッドが返した文字列が入っています。そのため、「kakaku+80」という式を書くと、JavaScriptは文字列の連結だと判断して連結した結果を出してきます。

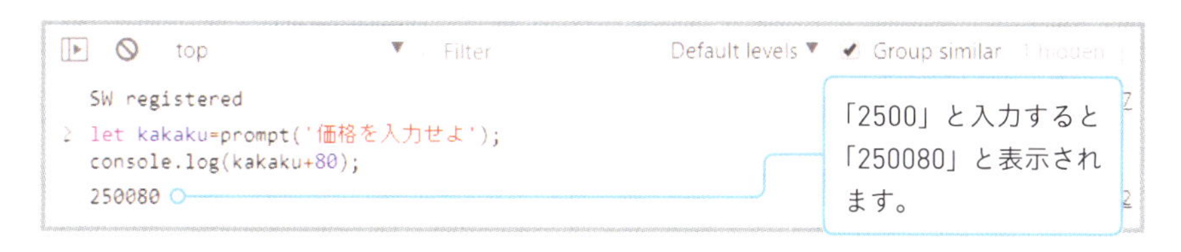

文字列のデータ型を数値のデータ型に変換する

プログラムを次のように修正すると、数値として計算できるようになります。違いは2行目のparseInt()の部分です。

■chap1-10-2.js

```
1  let kakaku = prompt( '定価を入力せよ' );
2  console.log( parseInt( kakaku ) + 80 );
```

新規作成 / 変数kakaku / 入れろ / 入力させる / 文字列「定価を入力せよ」

コンソール / 表示しろ / 整数化 / 変数kakaku / 足す / 数値80

読み下し文

1 文字列「定価を入力せよ」を表示してユーザーに入力させた結果を、新規作成した変数kakakuに入れろ。

2 変数kakakuを整数化して数値80を足した結果をコンソールに表示しろ。

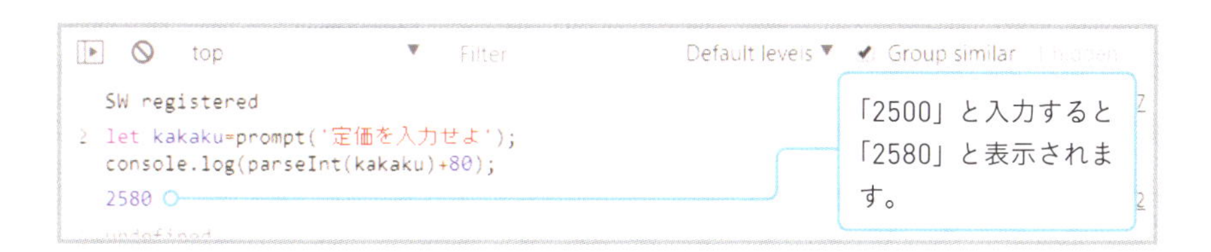

parseInt()の部分は関数（かんすう）といい、メソッドと同様の命令です。parseInt関数は文字列を受けとったら整数に変換して返します。これで数値同士の計算になるのでエラーが出なくなります。データ型を変換する関数にはparseFloat関数（実数に変換）などがあります。

NO 11

メソッドとオブジェクト

ここまで学習してきたconsole.logやpromptはいずれも「メソッド」と呼ばれるもので、コンピュータにさまざまな仕事をさせるんだ

なんとなく使ってきましたけど、メソッドがないとプログラムは書けませんよね。しっかりマスターしたいです！

いい心がけだね！　メソッドにも共通するルールがあるから、一度覚えればいろいろと応用が利くよ

引数と戻り値

「JavaScriptでいろいろなことができる」の「いろいろ」を受け持つのがメソッドです。console.logメソッドやpromptメソッドの他にもさまざまなメソッドがあり、メソッドを覚えるほど、作れるプログラムの幅が広がります。ここでメソッドの使い方をあらためて覚えておきましょう。

メソッドのあとには必ずカッコが続き、その中に文字列や数値、式などを書きます。これまではカッコの中を「目的語」と説明してきましたが、正確には「引数（ひきすう）」といいます。プログラム内に「メソッド名(引数)」と書くと、メソッドはそれぞれに割り当てられた仕事をします。メソッドに仕事をさせることを「呼び出す」といいます。

promptメソッドのように、文字列や数値などの何らかの値を返してくるメソッドもあります。メソッドが返す値のことを「戻り値（もどりち）」といいます。

このような戻り値を返すメソッドは、それを変数に代入したり、式の中に混ぜて書いたり、他のメソッドの引数にしたりすることができます。

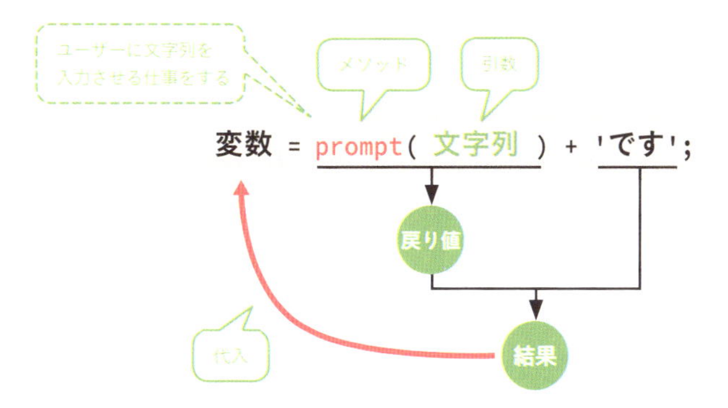

式の中に数値と混ぜてメソッドが書けるって何か不思議ですね

要は「数値の戻り値を返すメソッドは、数値の代わりに使える」ってこと。これが理解できると応用範囲が広がるよ

複数の引数を渡す

ここまでメソッドには1つの引数を指定してきましたが、複数の引数を受けとれるメソッドもあります。複数の引数を指定するには、カッコの中に「,(カンマ)」で区切って書きます。

■chap1-11-1.js

コンソール　表示しろ　文字列「ハロー！」　数値10　数値3.5

```
1  console.log( 'ハロー！', 10, 3.5 );
```

読み下し文

1　文字列「ハロー！」と数値10と数値3.5をコンソールに表示しろ。

```
top  ▼  Filter  Default levels ▼  ✓ Group similar  1 hidden
  SW registered                                   newtab?ie=UTF-8:7
> console.log('ハロー！',10,3.5);
  ハロー！ 10 3.5                                  VM436:1
< undefined
>
```

console.logメソッドの場合、複数の引数を指定すると並べて表示してくれます。ただし他のメソッドでもそうだとは限りません。何個の引数を受けとれるか、受けとった引数をどう使用するかはメソッドによってまちまちです。

メソッドの前にあるものは何？

これまでconsole.logメソッドと説明してきましたが、正確にはメソッドの名前は「log」だけです。では、consoleは何なのでしょうか？　実はconsoleは**オブジェクトというものが入った変数**です。

オブジェクトというのは、JavaScriptで操作できる「何か」を表すものです。例えばconsoleの中に入っているものはコンソールを表すConsoleオブジェクトです。他にもWebブラウザのウィンドウを表すWindowオブジェクトや、Webページの内容を表すDocumentオブジェクトなどがあります。

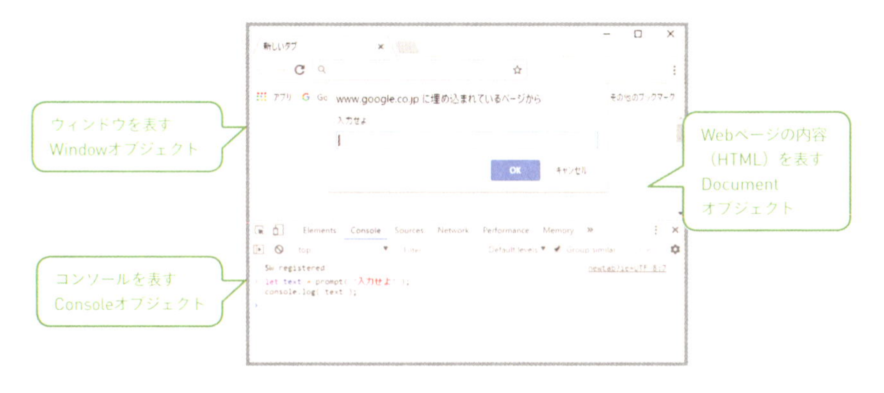

オブジェクトは「表す対象」を操作するために必要なものを一式持っています。それが、これまで使ってきたメソッドや、プロパティ（オブジェクトに所属する変数）です。つまり、オブジェクトとは**複数の「機能（メソッド）」と「変数（プロパティ）」の集合体**だといえます。

オブジェクトは値の一種なので、変数やプロパティに入れることができます。ですから、オブジェクトのプロパティの中に他のオブジェクトが入っていることもあります。

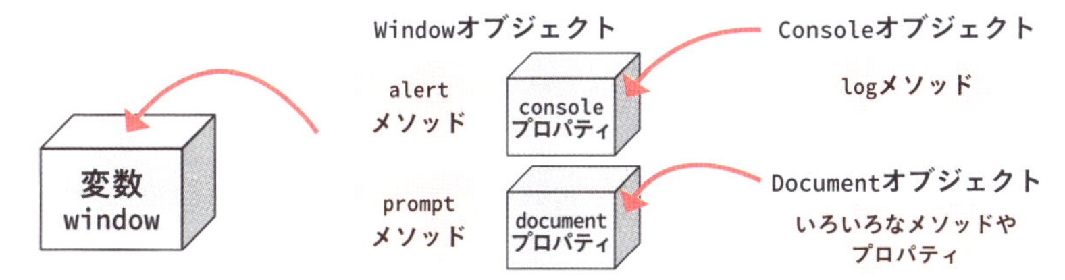

しゅ、集合体？　値でもある？　知恵熱が出そうです……

序盤に説明するにはややこしい話だよね。ここからしばらくはオブジェクトを意識しなくてもいい話が続くので、オブジェクトの話は最後のChapter 5でまた改めてやろう

そういえば「関数」というのもありましたよね？

オブジェクトのプロパティに入れた関数のことをメソッドといい、オブジェクトに所属してないものを関数という。ようするに基本的には同じもので、違いは「どこに所属しているか」なんだよ

自営業か会社員か、みたいなものですね……

「window.」は省略されている

先ほどconsoleはConsoleオブジェクトが入った変数だと説明しましたが、正確にいうとconsoleはWindowオブジェクトのプロパティです。Windowオブジェクトを参照する「window.」は省略してもいいことになっているので、省略しなければ「window.console.log()」となります。同じようにpromptメソッドも省略しなければ「window.prompt()」となります。「prompt()」と単体で書くことが多いのですが、関数ではありません。

NO 12

エラーメッセージを読み解こう①

プログラムを実行したら、まっ赤な文字がずらずら出てきました。しかも全部英語で……

どれどれ、見せてごらん。ああ、これはエラーメッセージだね。メソッドのつづりが間違ってるみたいだよ

タイプエラー（メソッド名の誤り）

ベテランでもミスタイプはよくあります。メソッド名をミスタイプした場合、タイプエラーが発生します。

■エラーが発生しているプログラム

```
console.lag('ハロー');
```

■エラーメッセージ

```
   捕捉不可能な   型エラー：   consol.lag
1  Uncaught TypeError: console.lag 折り返し
   ではない   関数
   is not a function

       にて   <匿名>   1行目：9文字目
2      at <anonymous>:1:9
```

読み下し文

2 ＜匿名＞の1行目：9文字目にて

1 捕捉不可能な型エラー：「console.lag」は関数ではない

最初の「uncaught（捕捉不可能な）」は、エラー対応処理（何らかの警告画面を表示するなど）が用意されていないのでエラーを出すしかないという意味で、エラーメッセージの決まり文句のようなものです。

タイプエラーは「タイピングのエラー」ではなく、「型（Type）」のエラーです。JavaScriptではメソッドや関数もFunctionオブジェクトというオブジェクトで、カッコの前という、通常ならFunctionオブジェクトが来るはずのところに違うものが来ているので、型エラーが表示されているのです。

at以降は場所を表しており、コンソールに貼り付けたものではなくファイルに保存したプログラムなら「<anonymous>」がファイル名に変わります。

リファレンスエラー（変数名の間違い）

変数名を間違えた場合は、また違うエラーが出ます。

■エラーが発生しているプログラム

```
let text = prompt('入力せよ');
console.log( taxt );
```

■変数名を間違えたエラーメッセージ

捕捉不可能な　参照エラー：　taxt　されていない　定義

```
1  Uncaught ReferenceError: taxt is not 折り返し
   defined
```

読み下し文

1　**捕捉不可能な参照エラー：「taxt」は定義されていない**

リファレンスは「参照」という意味です。「taxt」という変数を使おうとしているけど、そんな変数は（存在していないので）見つからないといっています。

メソッド名と変数名を間違えたときでエラーメッセージが違うんですね！

シンタックスエラー（同じ名前の変数を作ろうとした）

プログラムをコンソールに2回貼り付けてしまった場合や、前のプログラムを実行したあと再読み込みせずに次のプログラムを貼り付けた場合、次のエラーが表示されることがあります。

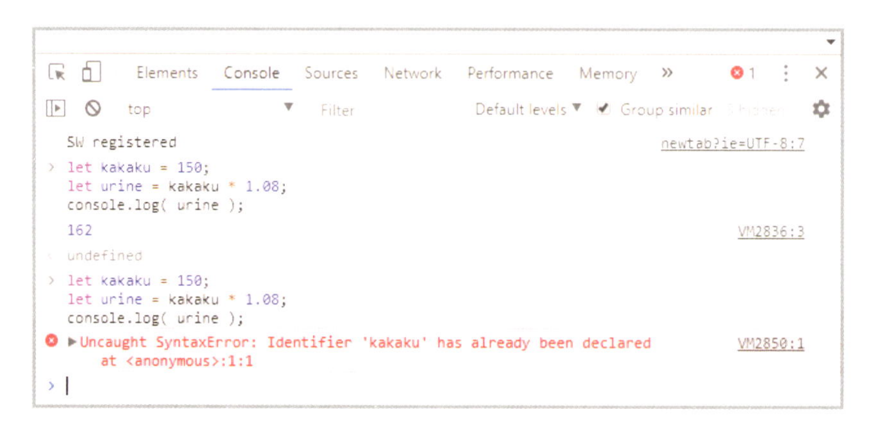

■エラーメッセージ

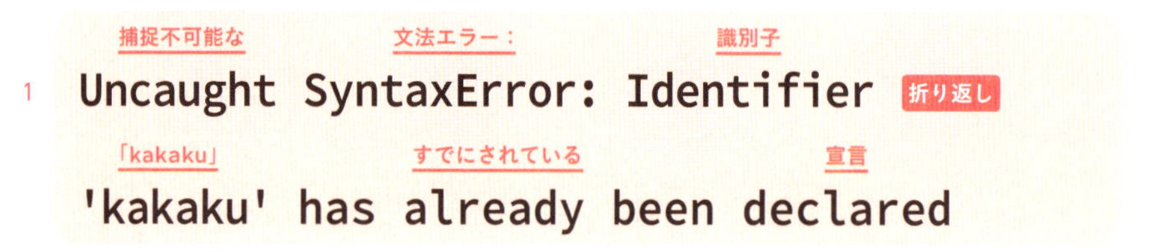

読み下し文

1 **捕捉不可能なシンタックスエラー：識別子「kakaku」はすでに宣言されている**

シンタックスエラー（文法エラー）はJavaScriptの文法に沿っていない書き方をすると表示されます。この場合は、letを使って同じ名前の変数を作ろうとしているのが原因です。同じプログラムを2回貼り付けたので、前の変数が残っているのです。「定義」と「宣言」は意味が微妙に違うのですが、どちらも変数や関数を作ることを指します。

ちなみにES5のvar（41ページ参照）の場合は、同じ名前の変数を作ってもエラーにはなりません。letなら、間違って同じ名前を付けてしまうトラブルを避けられるのです。

コンソールに表示されるundefinedって何？

コンソールにプログラムを貼り付けて実行したときに、実行結果とは別に「undefined」と表示されていることにお気づきでしょうか？　これはエラーではありません。undefined（アンデファインド）は「値がない」という意味です。プログラムの実行時に表示される場合は、プログラムで実行した文が戻り値を返さないことを意味していて、これは問題ありません。undefinedは値を入れていない変数や存在しないプロパティを参照したときにも表示され、こちらは問題となる可能性があります。

また、値を入れていない変数を使って計算した場合、NaNと表示されることがあります。「Not a Number（数値ではない）」という意味です。

diffツールでコードの間違いをチェックする

絶対に間違っていないはずなのにエラーが消えないときは、diffツールでチェックしてみましょう。diffツールはファイルの内容を比較するためのプログラムです。本書を読みながらサンプルプログラムを入力していてどうしても間違いが見つけられないときは、ダウンロードしたサンプルファイル（191ページ参照）と比較してみましょう。

Webサービス「Diffchecker」(https://www.diffchecker.com）では、2つのボックスにプログラムをコピー&ペーストし、[Find Difference!］をクリックすると、どこが違うのかを色分けで示してくれます。

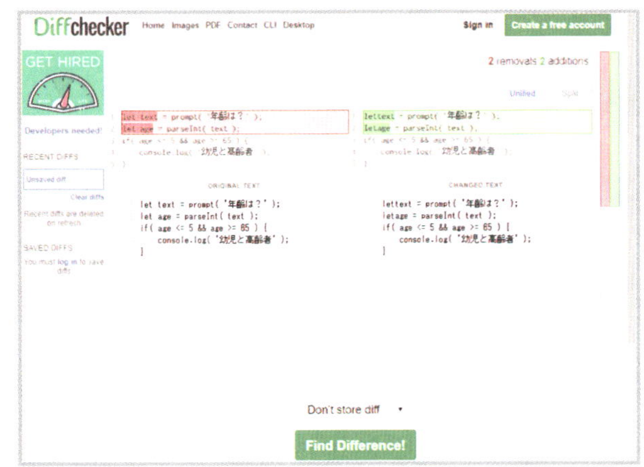

Diffchecker

NO 13

復習ドリル

プログラムを自分で読み下してみよう

１章で学んだことの総仕上げとして、以下の２つの例文にふりがなを振り、読み下し文を自分で考えてみましょう。正解はそれぞれのサンプルファイルが掲載されているページを確認してください。

問１：計算のサンプル（32ページ参照）

■chap1-6-3.js

```
console.log( (2  +  10)  *  5 );
```

問２：変数を利用した計算のサンプル（36ページ参照）

■chap1-7-2.js

```
let kakaku = 100;

let urine = kakaku * 1.08;

console.log( urine );
```

まずは「数値」「変数」「演算子」「メソッド」を区別するところからやってみよう

名前のあとにカッコが付いてたらメソッドですよね

JavaScript
HIRAGANA PROGRAMING

Chapter 2

条件によって分かれる文を学ぼう

NO 01

条件分岐ってどんなもの？

コンビニではたいていお釣りを「大きいほう」から渡すよね。たぶん接客マニュアルに書いてあるんだと思うけど

「紙幣と硬貨が混ざっていたら、紙幣から先に渡す」とか書いてあるんでしょうね

それと同じように、プログラムで「○○だったら、××する」を書くのが条件分岐なんだ

条件分岐を理解するにはマニュアルをイメージする

小説などの文章は先頭から順に読んでいくものですが、業務や家電のマニュアルだと「特定の状況のときだけ読めばいい部分」があります。プログラムでも条件を満たすときだけ実行する文があります。それが「条件分岐」です。プログラムの流れが分かれるので「分岐」といいます。

紙幣とコインが混ざっていたら
　→紙幣から先に渡す
　　紙幣が2枚以上だったら
　　　→客に確認してもらう
　次にコインを渡す

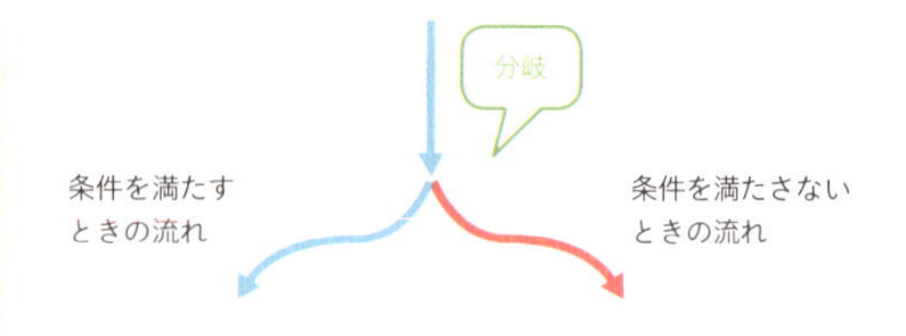

プログラムにちょっと気の利いたことをさせようと思えば、条件分岐は欠かせません。分岐が多くなると流れを把握しづらくなるので、「フローチャート（流れ図）」という図を描いて整理します。右図のひし形が条件分岐を表します。

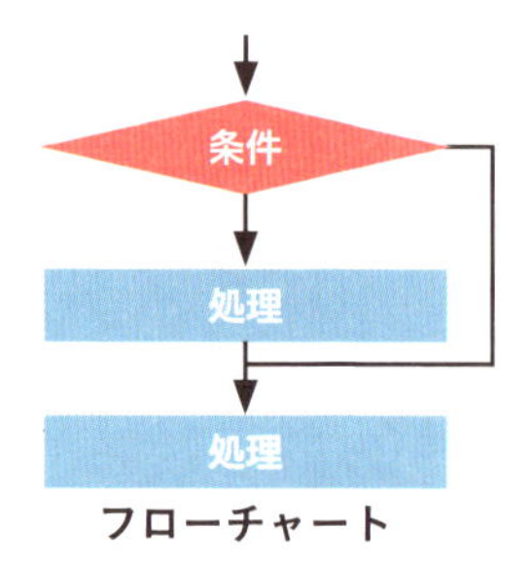

フローチャート

「true（真）」と「false（偽）」

条件分岐のためにまず覚えておいてほしいのが、true（トゥルー）とfalse（フォルス）です。trueは日本語では「真」と書き、条件を満たした状態を表します。falseは日本語で「偽」と書き、trueと逆の条件を満たしていない状態を表します。

これらは文字列や数値と同じ値の一種で、真偽値（または論理値）と呼びます。条件をチェックした結果を表す値です。

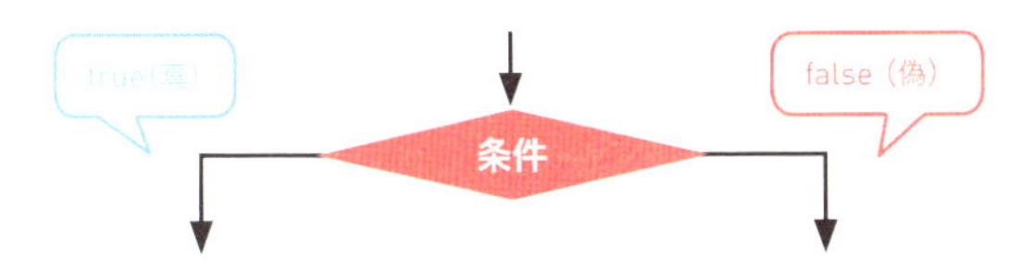

JavaScriptには、trueかfalseのどちらかを返す関数やメソッド、演算子があります。これらとtrueかfalseかで分岐する文を組み合わせて、さまざまな条件分岐を書いていきます。

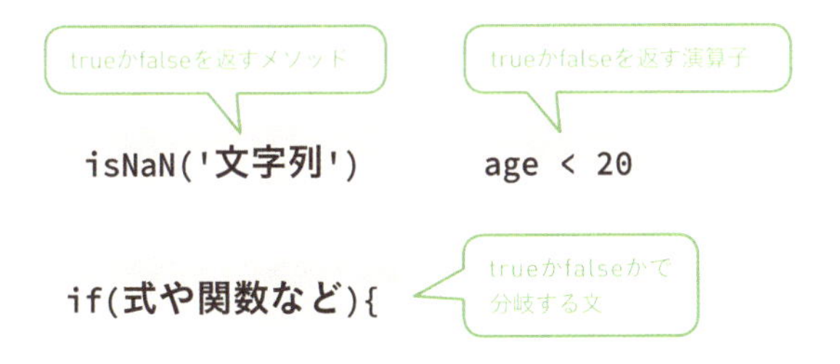

ここまで勉強してきたプログラムは、上から下に順番に実行されるものばかりだった。「条件分岐」と次の章で説明する「繰り返し」ではそれが変わるんだ

読み飛ばしたり、上に戻ったりすることが出てくるんですね

そういう感じ。こういう文を、流れを制御するという意味で「制御構文」と呼ぶよ

NO 02

入力されたものが数値かどうか調べる

まずは「文字列が数値に変換可能か」をチェックするisNaN（イズナン）関数を使ってみよう

それを使えば、promptメソッドで入力したものが数値にできるか判断できますよね

そういうこと

isNaN関数の書き方

isNaN関数は、渡された値が数値に変換可能ならfalse、変換も不可能ならtrueを返します。isNaN関数の引数には判定したい値を指定します。

数値に変換不可

isNaN(値)

値は数値に変換不可？

NaNは「Not a Number」で日本語では「非数」といいます。isNaNを直訳すると「非数か？」となりますが、ここでは「数値に変換不可？」と読み下します。

どういう結果を出すか、いくつか例をお見せします。全角数字や数字にアルファベットなどが混ざっている場合はtrue（変換不可）です。

```
isNaN('4567')  ——— falseを返す
isNaN('-40')   ——— falseを返す
isNaN('1.08')  ——— falseを返す
isNaN('１２３') ——— trueを返す
isNaN('128ax') ——— trueを返す
```

isNaN関数を使ってみよう

実際に使ってみましょう。Chapter 1でも何度か書いたpromptメソッドでユーザーに入力してもらい、isNaN関数で判定した結果を表示します。

■chap2-2-1.js

新規作成　変数text　入れろ　入力させる　文字列「入力せよ」

```
1 let␣text = prompt( '入力せよ' );
```

コンソール　表示しろ　数値に変換不可　変数text

```
2 console.log( isNaN( text ) );
```

読み下し文

1 **文字列「入力せよ」を表示してユーザーに入力させた結果を、新規作成した変数textに入れろ。**

2 **変数textは数値に変換不可かをコンソールに表示しろ。**

実行してみましょう。「入力せよ」と表示されるので、まずは半角数値を入力してみてください。falseと表示されるはずです。

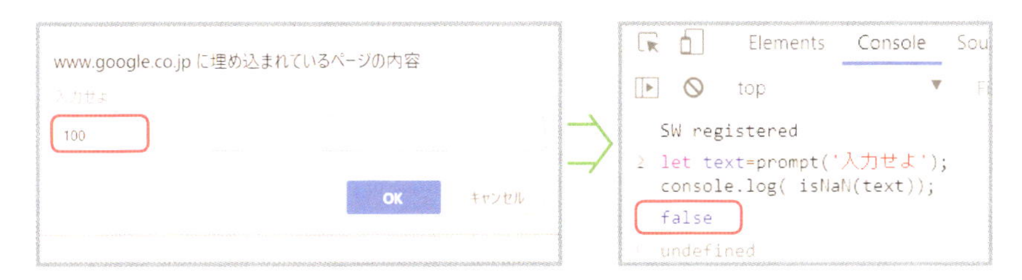

もう一度プログラムを実行して、半角数字以外のものを入力してみてください。数字以外が含まれていたら、trueと表示されます。

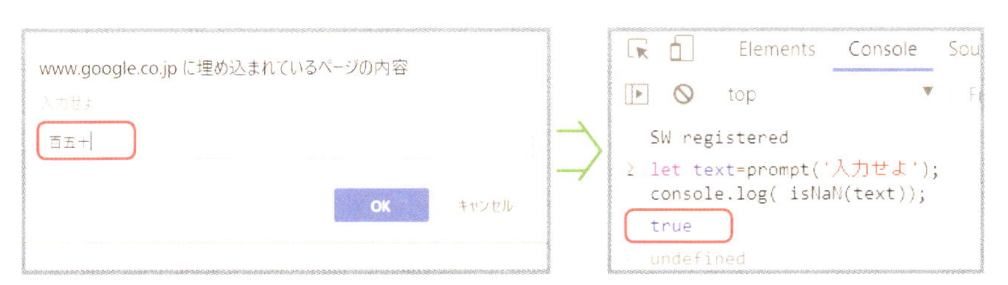

NO 03

数値が入力されたら計算する

次はisNaN関数とif（イフ）文を組み合わせてみよう

組み合わせるとどうなるんですか？

組み合わせると、isNaN関数の結果にあわせて何をするのかが書けるんだよ

if文の書き方を覚えよう

if文は条件分岐の基本になる文です。ifのカッコ内に書いた式や関数などの結果がtrueだったら、その次の波カッコで囲まれている部分に進みます。falseだった場合は波カッコをスキップして次に進みます。

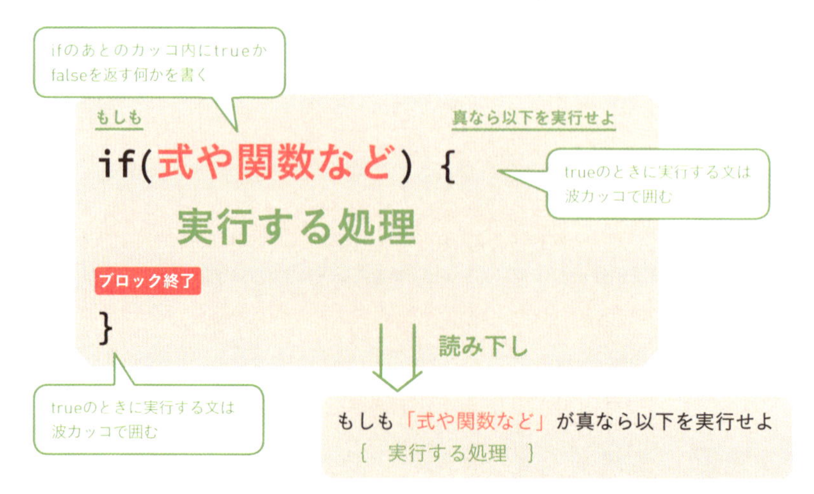

if文では、「実行する文」を波カッコで囲んで、if文の一部であることを示します。波カッコで囲まれた範囲を**「ブロック」**といいます。実行結果に影響はありませんが、ブロック内では[Tab]キーを押して1段階字下げするのがマナーです。

文字列が数字だったらメッセージを表示する

if文を使って、文字列が数字に変換不可のときに、「数字ではない」と表示するようにしてみましょう。ifのカッコ内にisNaN関数を書きます。

■chap2-3-1.js

新規作成　変数text　入れろ　入力させる　文字列「入力せよ」

```
1  let text = prompt( '入力せよ' );
```

もしも　数値に変換不可　変数text　真なら以下を実行せよ

```
2  if( isNaN( text ) ) {
```

コンソール　表示しろ　文字列「数字ではない」

```
3      console.log( '数字ではない' );
```

ブロック終了

```
   }
```

読み下し文

1 **文字列「入力せよ」を表示してユーザーに入力させた結果を、新規作成した変数textに入れろ。**

2 **もしも「変数textは数値に変換不可」が真なら以下を実行せよ**

3 **{　文字列「数字ではない」をコンソールに表示しろ。　}**

本書ではifの行末の「{（開き波カッコ）」に「真なら以下を実行せよ」とふりがなを振っています。本来この「{」はブロックの始まりを表しているだけなのですが、読み下したときに意味が通じるように「trueのときに実行する」というニュアンスを取り込みました。

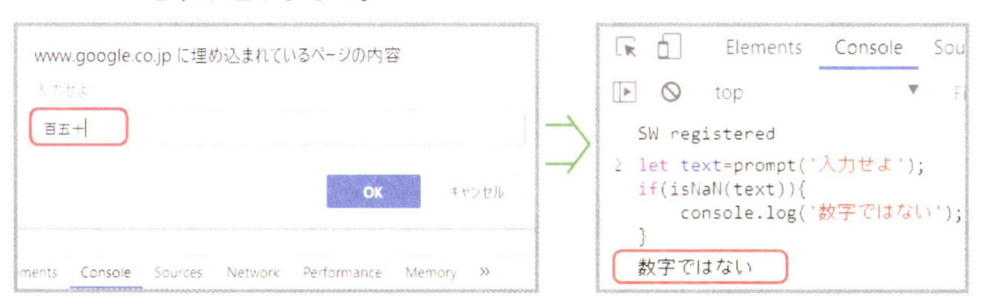

Chap.
2
条件によって分かれる文を学ぼう

数値のときは計算する

数値のときだけ計算するようにしてみましょう。isNaN関数は「数値に変換不可」のときにtrueを返すので「数値のとき」だと逆にしなくてはいけません。そこでisNaNの前に「!（ビックリマーク）」を付けます。これはノット演算子というもので、右にあるもののtrueとfalseを逆転します（83ページ参照）。

■chap2-3-2.js

```
let text = prompt( '入力せよ' );
if( ! isNaN( text ) ) {
    console.log( parseInt( text ) + 80 );
}
```

1行目：新規作成　変数text　入れろ　入力させる　文字列「入力せよ」
2行目：もしも　ではない　数値に変換不可　変数text　真なら以下を実行せよ
3行目：コンソール　表示しろ　整数化　変数text　足す　数値80
4行目：ブロック終了

読み下し文

1 文字列「入力せよ」を表示してユーザーに入力させた結果を、新規作成した変数textに入れろ。

2 もしも「変数textは数値に変換不可ではない」が真なら以下を実行せよ

3 {　変数textを整数化して数値80を足した結果をコンソールに表示しろ。　}

!演算子を付けると、数値に変換不可「ではない」という意味に変わります。ですから、数値を入力したときだけ、80を足した結果が表示されます。

ブロックとインデント

ブロックはif文だけでなく、Chapter 3の繰り返し文などにも出てくるので、もう少し捕捉しましょう。ブロックは**複数の文をまとめて1つの文の一部にする**働きがあります。つまり、if文というのは「if()」のところを指すのではなく、「}（閉じ波カッコ）」までです。文が続いているので「if()」の行には「;」は付けません。

「}」のあとはブロックの外なので、その部分は上のif文とは関係なくなり、trueのときでもfalseのときでも常に実行されます。

```
let text = prompt( '入力せよ' );
if( ! isNaN( text ) ) {
    console.log( parseInt( text ) + 80 );
    console.log( 'まだブロック内' );
}
console.log( 'ブロック外だよ' );
```

if文のブロック内

ブロック外

少しややこしいので、フローチャートでも表してみましょう。条件のところを赤いひし形で示しています。trueの場合はブロック内の文に進み、そのあとブロック外の文に合流します。falseの場合はブロック外に進みます。

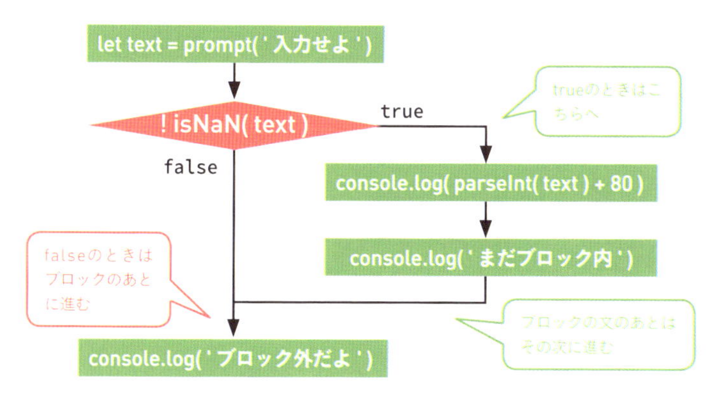

ブロックの波カッコ内はそれがわかりやすいように1段階字下げします。これを**インデント**といいます。JavaScriptの場合、インデントがなくても結果は同じですが、あったほうがブロック内ということがわかりやすいですね。

NO 04

数値が入力されていないときに警告する

さっきのプログラムだと数値以外を入力すると何もしないですよね。不親切じゃないですか？

じゃあ、数値以外だったら「数字ではない」と表示させてみよう

else節の書き方を覚えよう

falseのときにも何かをしたいときは、if文のブロックのあとにelse節（エルスせつ）を追加します。

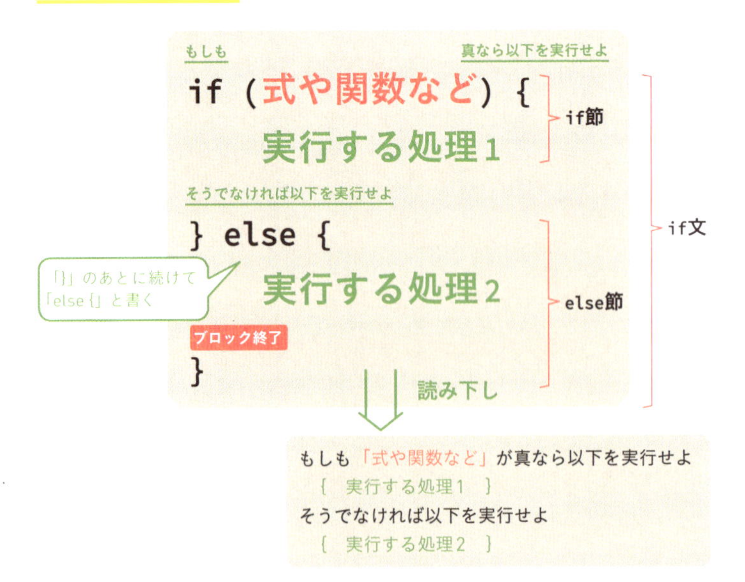

if文のあとにelse「文」を足すのではなく、if「節」からelse「節」まで含めて1つのif「文」です。ですからelse節だけを書くとシンタックスエラーになります。

else節を追加してみよう

else節を使ったプログラムを書いてみましょう。3行目まではchap2-3-2.jsと同じなので、流用してもOKです。

■chap2-4-1.js

```
新規作成 変数text 入れろ 入力させる 文字列「入力せよ」
1 let␣text = prompt( '入力せよ' );
もしも ではない 数値に変換不可 変数text 真なら以下を実行せよ
2 if( ! isNaN( text ) ) {
コンソール 表示しろ 整数化 変数text 足す 数値80
3     console.log( parseInt( text ) + 80 );
そうでなければ以下を実行せよ
4 } else {
コンソール 表示しろ 文字列「数字ではない」
5     console.log( '数字ではない' );
ブロック終了
  }
```

読み下し文

1 文字列「入力せよ」を表示してユーザーに入力させた結果を、新規作成した変数textに入れろ。

2 もしも「変数textは数値に変換不可ではない」が真なら以下を実行せよ

3 ｛ 変数textを整数化して数値80を足した結果をコンソールに表示しろ。 ｝

4 そうでなければ以下を実行せよ

5 ｛ 文字列「数値ではない」をコンソールに表示しろ。 ｝

このプログラムを実行すると、数値を入力した場合はif節のブロック内に進むので、chap2-3-2.jsと同じように80を足した結果になります。

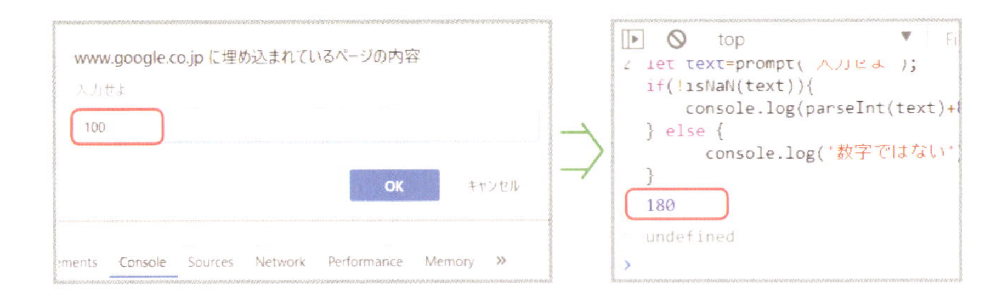

数値に変換できないものを入力した場合は、else節のブロックに進むので、「数字ではない」と表示します。

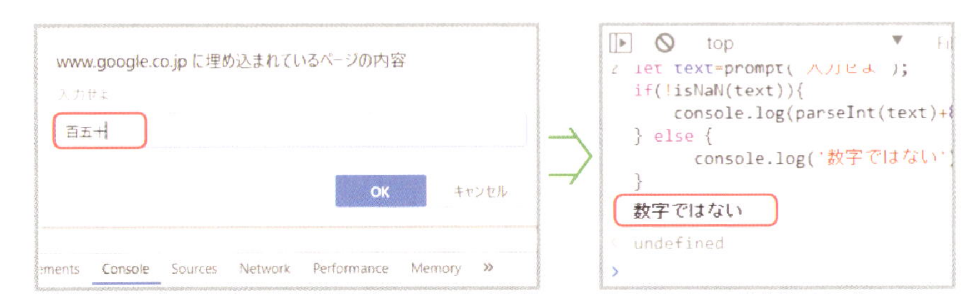

フローチャートを見てみましょう。falseの場合はブロックの次に進むのではなく、else節のブロックに進んでから、ブロックの外に進みます。今回のサンプルではelse節のあとは何もないので、プログラムが終了します。

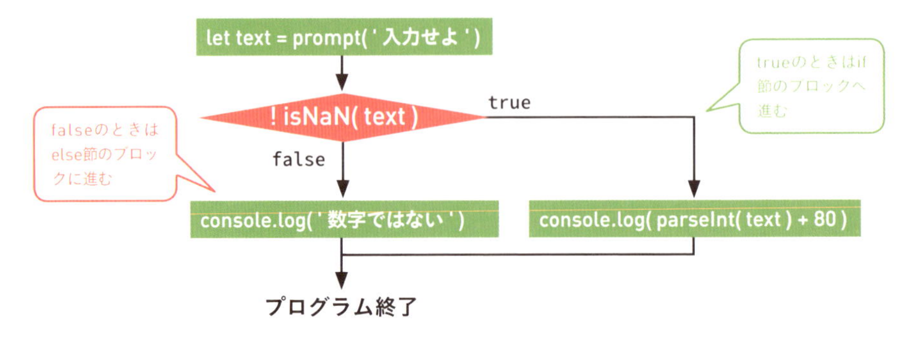

変数のところに実際の値を当てはめる

プログラムを実行した結果とフローチャートは理解できるんですよ。でも、プログラムや読み下し文を読んだときに理解する自信がないです……

なるほどね。読み下し文を一緒にじっくり読んでみよう

次の図はサンプルプログラムの読み下し文からif文のところだけを抜き出し、さらに変数textの部分に実際の文字列を当てはめてみたものです。

ユーザーが「100」と入力した場合、「'100'は数値に変換不可ではない」は真です。ですからその直下のブロックを実行します。逆にそのあとの「そうでなければ～」の部分は該当しないので、その直下のブロックは実行しません。

もしも「 '100' は数値に変換不可ではない」が真なら以下を実行せよ ← 真だから以下を実行しよう

{ '100' を整数化して数値80を足した結果をコンソールに表示しろ。 }

そうでなければ以下を実行せよ ← 真だから以下は実行しない

{ 文字列「数値ではない」をコンソールに表示しろ。 }

ユーザーが「Hello」と入力した場合、「'Hello'は数値に変換不可ではない」は偽なので、その直下のブロックは実行しません。逆にそのあとの「そうでなければ～」の部分に該当するので、その直下のブロックを実行します。

もしも「 'Hello' は数値に変換不可ではない」が真なら以下を実行せよ ← 真ではないから以下は実行しない

{ 'Hello' を整数化して数値80を足した結果をコンソールに表示しろ。 }

そうでなければ以下を実行せよ ← 真ではないから以下を実行しよう

{ 文字列「数値ではない」をコンソールに表示しろ。 }

あ、変数のところに実際の値を当てはめてみると、そのとおりに読めますね

よかった！　読み下し文ではなくプログラムを直接読む場合も、意味がわからないときは変数に実際の値を当てはめてみると理解できることがあるよ

NO 05

比較演算子で大小を判定する

実は毎月アンケートの集計をしてるんですけど、回答者の年齢を見て「未成年」「成人」とか振り分けないといけないんですよ。JavaScriptのプログラムでできませんか？

すぐにアンケートを振り分けるプログラムは作れないけど、年齢層を判定するプログラムなら作れるよ

判定のやり方だけでもいいので教えてください

比較演算子の使い方を覚えよう

年齢層の判定とは、「20歳未満なら未成年」「20歳以上なら成年」というように、与えられた数値が基準値より大きいか小さいかを調べることです。JavaScriptで大きい、小さい、等しいといった判定を行うには、比較演算子を使った式を書きます。

主な比較演算子

演算子	読み方	例
<	左辺は右辺より小さい	a < b
<=	左辺は右辺以下	a <= b
>	左辺は右辺より大きい	a > b
>=	左辺は右辺以上	a >= b
==	左辺と右辺は等しい	a == b
!=	左辺と右辺は等しくない	a != b
===	左辺と右辺は厳密に等しい	a === b
!==	左辺と右辺は厳密に等しくない	a !== b

「==」や「!=」などの2つの記号を組み合わせた演算子もありますが、数学で習う「不等式」と似ています。ただし、数学の不等式は解（答え）を求めるための前提条件を表すものですが、プログラムの比較演算子は、計算の演算子と同じように結果を出すための命令です。その結果とはtrueとfalseです。

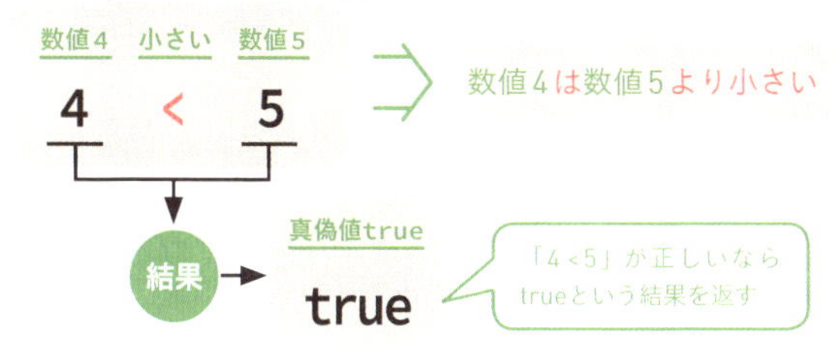

比較する式の結果を見てみよう

実際にプログラムを書いて確認してみましょう。比較演算子を使った式をconsole.logメソッドの引数にして、式の結果を表示させます。

chap2-5-1.js

コンソール　表示しろ　数値4　小さい　数値5

```
1 console.log( 4 < 5 );
```

読み下し文

1 「数値4は数値5より小さい」の結果をコンソールに表示しろ。

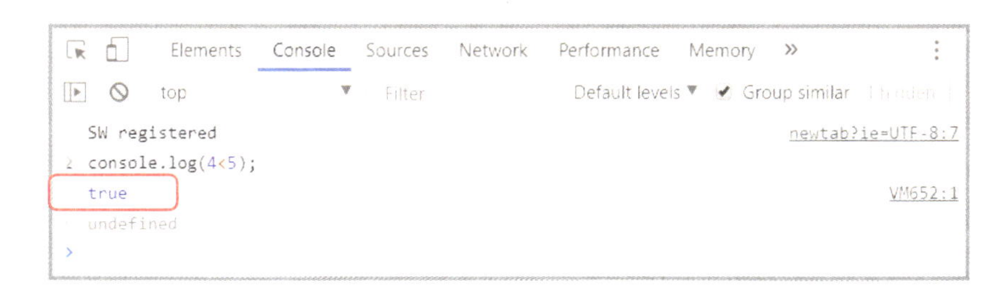

「数値4は数値5より小さい」は当然正しいですね。ですから表示される結果はtrueです。では、正しくない式だったらどうなるのでしょうか？

■chap2-5-2.js

```
1  console.log( 6 < 5 );
```

コンソール　表示しろ　数値6　小さい　数値5

読み下し文

1　「数値6は数値5より小さい」の結果をコンソールに表示しろ。

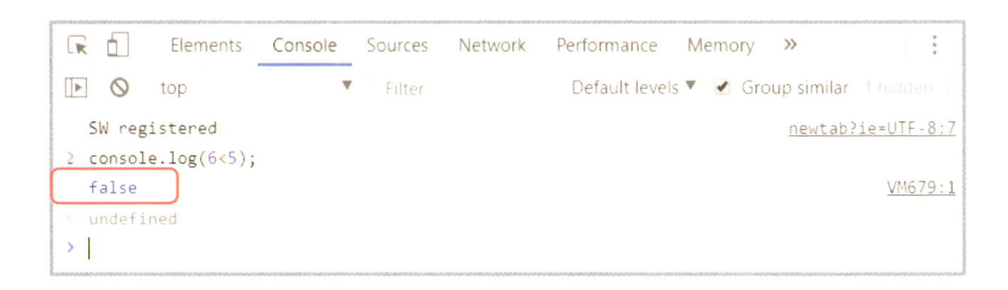

「数値6は数値5より小さい」は正しくありません。その場合の結果はfalseになります。

数値同士の比較だと結果は常に同じです。しかし、比較演算子の左右のどちらか、もしくは両方が変数だったら、変数に入れた数値よって結果が変わることになります。また、式の結果はtrueかfalseになりますから、if文と組み合わせて使えるのです。

厳密な比較とは

「===」と「!==」はJavaScript特有の比較演算子です。JavaScriptの「==（イコール2つ）」は比較するときに型を自動変換するので、数値123と文字列「123」の比較ではtrueを返します。このルーズさが問題を引き起こすこともあるため、型も含めてチェックする「===（イコール3つ）」を使うことが推奨されています。

```
123 == '123'   結果はtrue
123 === '123'  結果はfalse
```

if文と比較する式を組み合わせる

実際にif文と組み合わせて使ってみましょう。promptメソッドでユーザーに年齢を入力してもらい、その結果をparseInt関数で整数に変換します。その数値が20未満だったら「未成年」と表示します。

■chap2-5-3.js

```
新規作成 変数text 入れろ 入力させる 文字列「年齢は？」
1 let␣text = prompt( '年齢は？' );
新規作成 変数age 入れろ 整数化 変数text
2 let␣age = parseInt( text );
もしも 変数age 小さい 数値20 真なら以下を実行せよ
3 if( age < 20  ){
コンソール 表示しろ 文字列「未成年」
4     console.log( '未成年' );
ブロック終了
  }
```

読み下し文

1 文字列「年齢は？」を表示してユーザーに入力させた結果を、新規作成した変数textに入れろ。

2 変数textを整数化して、新規作成した変数ageに入れろ。

3 もしも「変数ageは数値20より小さい」が真なら以下を実行せよ

4 {　文字列「未成年」をコンソールに表示しろ。　}

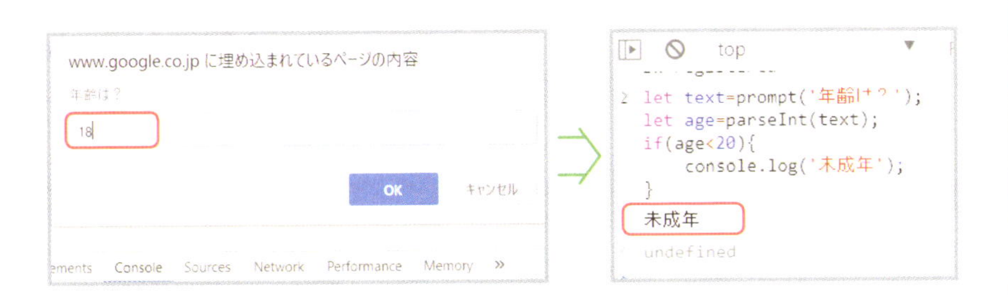

NO 06

3段階以上に分岐させる

「未成年」「成人」「高齢者」の3つで判定したいときはどうしたらいいでしょうか？

そういうときはelse if節を追加して、複数の条件を書くんだ

else if節の書き方を覚えよう

if文にelse if節を追加すると、if文に複数の条件を持たせることができます。「そうではなくもしも『～』が真なら以下を実行せよ」と読み下します。

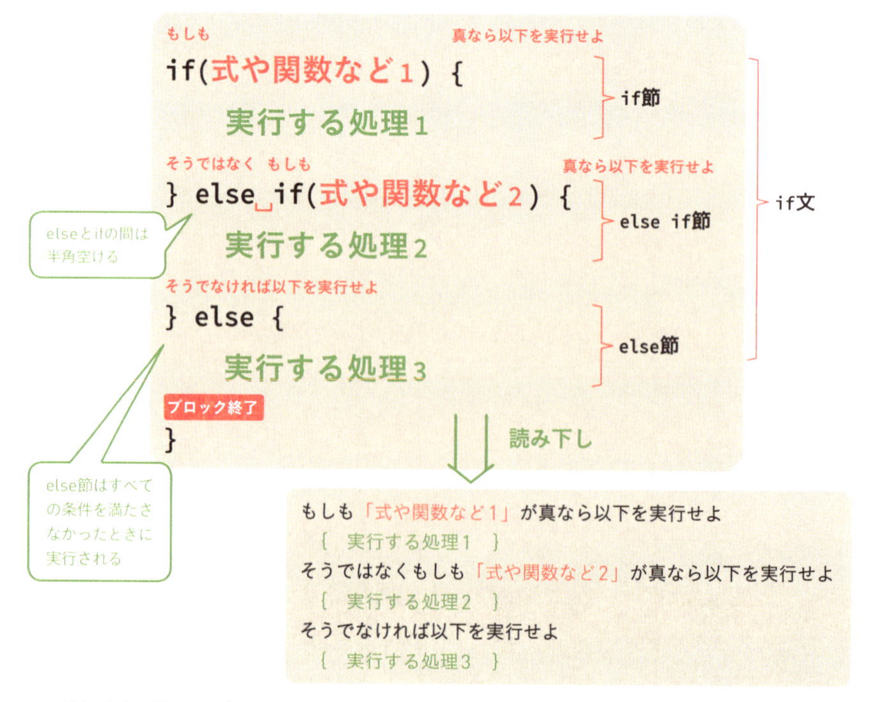

「未成年」「成人」「高齢者」の3段階で判定するプログラムを書いてみましょう。

■chap2-6-1.js

```
   新規作成 変数text 入れろ 入力させる 文字列「年齢は？」
1  let␣text = prompt( '年齢は？' );
   新規作成 変数age 入れろ 整数化 変数text
2  let␣age = parseInt( text );
   もしも 変数age 小さい 数値20 真なら以下を実行せよ
3  if( age < 20 ) {
           コンソール 表示しろ 文字列「未成年」
4      console.log( '未成年' );
     そうではなく もしも 変数age 小さい 数値65 真なら以下を実行せよ
5  } else␣if( age < 65 ) {
           コンソール 表示しろ 文字列「成人」
6      console.log( '成人' );
   そうでなければ以下を実行せよ
7  } else {
           コンソール 表示しろ 文字列「高齢者」
8      console.log( '高齢者' );
   ブロック終了
   }
```

読み下し文

1 文字列「年齢は？」を表示してユーザーに入力させた結果を、新規作成した変数textに入れろ。

2 変数textを整数化して、新規作成した変数ageに入れろ。

3 もしも「変数ageは数値20より小さい」が真なら以下を実行せよ

4 {　文字列「未成年」をコンソールに表示しろ。　}

5 そうではなくもしも「変数ageは数値65より小さい」が真なら以下を実行せよ

6 {　文字列「成人」をコンソールに表示しろ。　}

7 そうでなければ以下を実行せよ

8 {　文字列「高齢者」をコンソールに表示しろ。　}

プログラムを何回か実行して、3つの層の年齢を入力してみてください。20歳未満の年齢を入力したときはif節のブロックに進んで「未成年」と表示されます。65歳未満の年齢を入力するとelse if節のブロックに進んで「成人」と表示されます。65歳以上の年齢を入力した場合、20歳未満でも65歳未満でもないため、else節のブロックに進んで「高齢者」と表示されます。

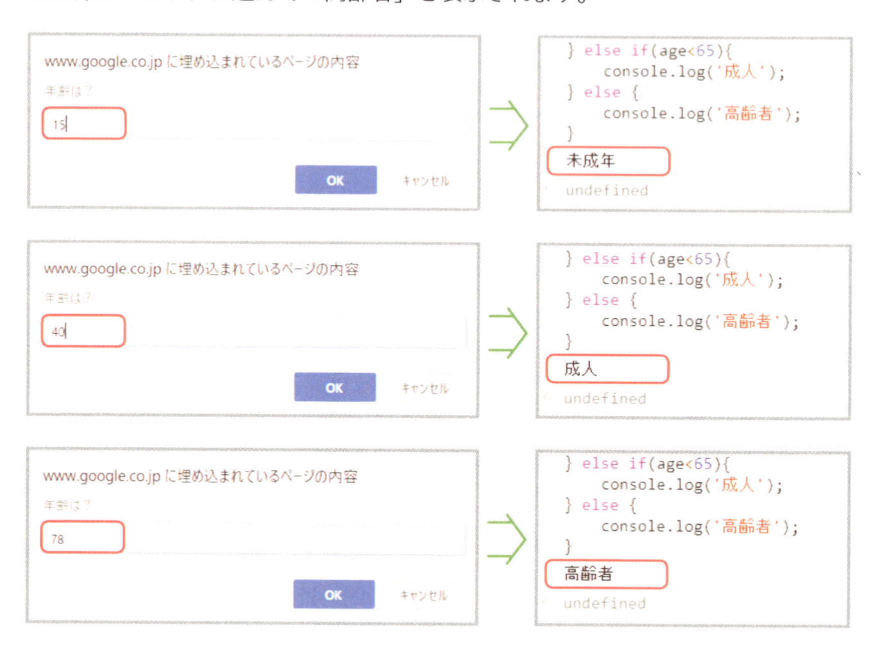

フローチャートで表すと、if節のひし形のfalseの先にelse if節のひし形がつながります。else if節をさらに増やした場合は、if節とelse節のブロックの間にひし形がさらに追加された図になります。

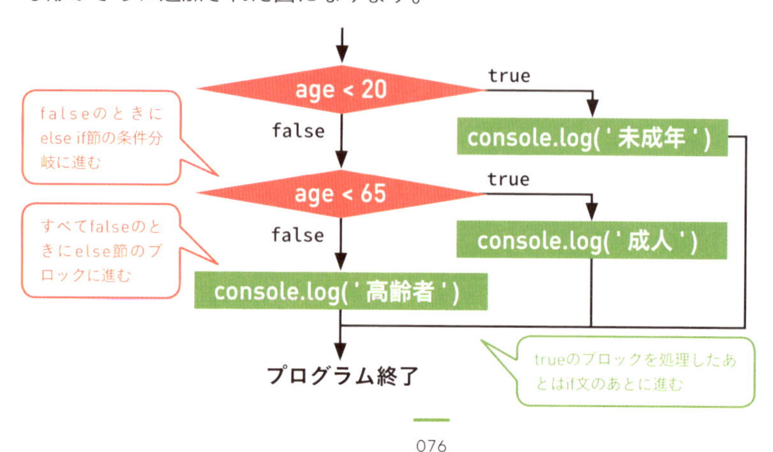

else if節をif節に変えるとどうなる？

ふと思ったんですが、else ifのところをifにしたらどうなるんですか？

それはうまくいかないよ。と、クチでいってもピンと来ないだろうから、実際にやってみようか

else ifをifに変更してもプログラムはほとんど同じに見えます。しかし実際は大きな違いがあります。if〜else if〜elseは1つのif文と見なされるので、実行されるブロックはその中のどれか1つだけです。ところが途中のelse ifをifにした場合は2つのif文になるので、複数のブロックが実行される可能性が出てきてしまいます。

chap2-6-1.jsの5行目のelse ifをifに変更して20歳未満の年齢を入力すると、「age<20」と「age<65」の両方ともtrueになるため、「未成年」「成人」の両方が表示されてしまいます。

変数の部分に実際の値を当てはめた読み下し文で確認してみましょう。2つの条件が真実となってしまっていますね。

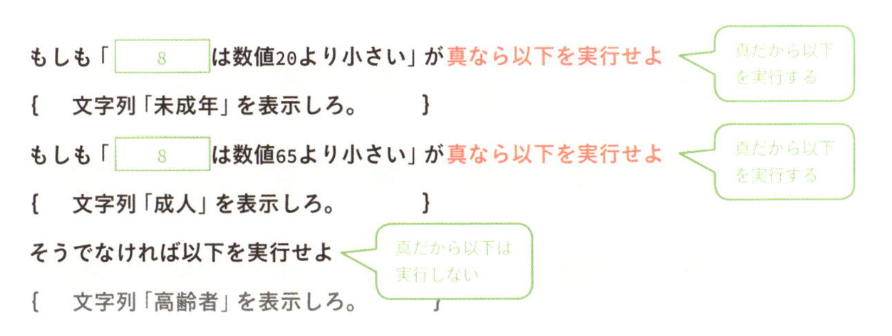

NO 07

条件分岐の中に条件分岐を書く

せっかくなので年齢層を判定する前に、エラーが出ないように数値に変換不可のチェックをしたらどうでしょうか

そういう場合は2つのif文を組み合わせて書くんだ

2つのif文を組み合わせる

「数値に変換不可ではない」がtrueのときだけ年齢層の判定をしたい場合は、「数値に変換不可ではない」を条件にするif文のブロック内に年齢判定のif文を書きます。chap2-3-1.jsとchap2-5-3.jsを組み合わせるイメージです。

■chap2-7-1.js

```
1  let text = prompt( '年齢は？' );
2  if( ! isNaN( text ) ) {
3      let age = parseInt( text );
4      if( age < 20 ) {
5          console.log( '未成年' );
       }
   }
```

1行目：let＝新規作成　text＝変数text　=＝入れろ　prompt＝入力させる　'年齢は？'＝文字列「年齢は？」
2行目：if＝もしも　!＝ではない　isNaN＝数値に変換不可　text＝変数text　{＝真なら以下を実行せよ
3行目：let＝新規作成　age＝変数age　=＝入れろ　parseInt＝整数化　text＝変数text
4行目：if＝もしも　age＝変数age　<＝小さい　20＝数値20　{＝真なら以下を実行せよ
5行目：console＝コンソール　log＝表示しろ　'未成年'＝文字列「未成年」
}＝ブロック終了
}＝ブロック終了

読み下し文

1 文字列「年齢は？」を表示してユーザーに入力させた結果を、新規作成した変数textに入れろ。

2 もしも「変数textは数値に変換不可」が真なら以下を実行せよ

3 {　変数textを整数化して、新規作成した変数ageに入れろ。

4 　もしも「変数ageは数値20より小さい」が真なら以下を実行せよ

5 　{　文字列「未成年」をコンソールに表示しろ。　}

}

数値を入力したときの結果は変わりませんが、数値以外を入力したときは、エラーを出さずにプログラムが終了します。

フローチャートにすると、1つ目のif文のtrueの先に、2つ目のif文が来ることがわかります。JavaScriptのプログラムのインデントが深くなるのと同様に、右方向に伸びていきます。

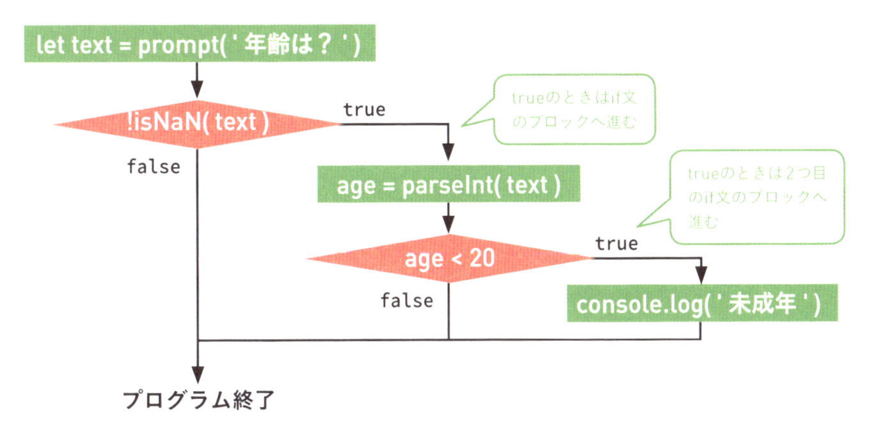

NO 08

複数の比較式を組み合わせる

今度は6～15歳だけを判定したいです

それは義務教育期間だね。2つの数値の範囲内にあるかどうかで判定したいときは、論理演算子を利用するんだ

論理演算子の書き方を覚えよう

論理演算子は真偽値（trueかfalse）を受けとって結果を返す演算子で、**&&（アンド）、||（オア）、!（ノット）**の3種類があります。

1つ目の&&（&が2つ）演算子は**左右の値が両方ともtrueのときだけtrueを返します**。この説明ではピンと来ないかもしれませんが、値の代わりに比較演算子を使った式を左右に置いてみてください。比較演算子はtrueかfalseを返すので、2つの式が同時にtrueを返したときだけ、&&演算子の結果もtrueになります。

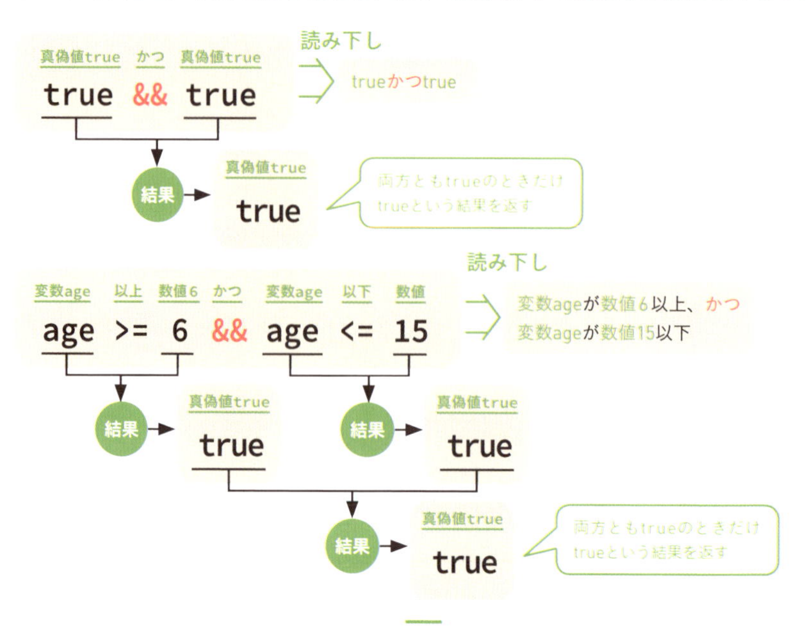

&&演算子は「AかつB」と訳すことが多いので、本書でもそれにならって「かつ」と読み下します。

義務教育の対象かどうかをチェックする

6～15歳という範囲は「6以上」と「15以下」という2つの条件を組み合わせたものですから、&&演算子を使えば1つのif文で判定できます。

■chap2-8-1.js

```
1  let text = prompt( '年齢は？' );
2  let age = parseInt( text );
3  if( age >= 6 && age <= 15 ) {
4      console.log( '義務教育の対象' );
   }
```

新規作成 変数text 入れろ 入力させる 文字列「年齢は？」
新規作成 変数age 入れろ 整数化 変数text
もしも 変数age ❶以上 数値6 ❸かつ 変数age ❷以下 数値15 真なら以下を実行せよ
コンソール 表示しろ 文字列「義務教育の対象」
ブロック終了

読み下し文

1 文字列「年齢は？」を表示してユーザーに入力させた結果を、新規作成した変数textに入れろ。

2 変数textを整数化して、新規作成した変数ageに入れろ。

3 もしも「変数ageが数値6以上、かつ変数ageが数値15以下」が真なら以下を実行せよ

4 {　文字列「義務教育の対象」をコンソールに表示しろ。　}

プログラムを実行して、6～15歳の間の年齢を入力してみてください。

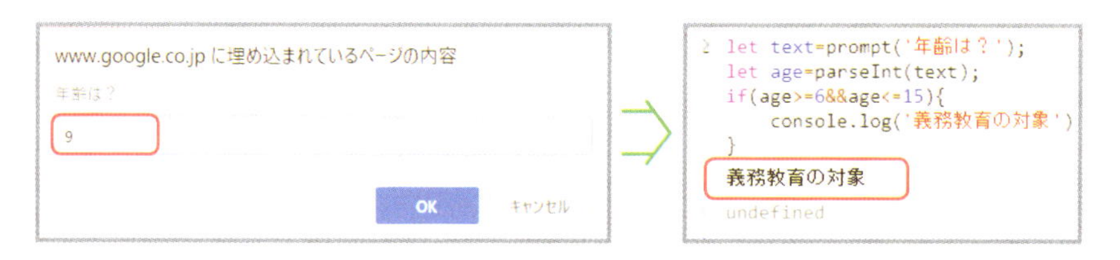

幼児と高齢者だけを対象にする

今度は||演算子を使ってみましょう。||（|が2つ）演算子は左右のどちらか一方でもtrueのときにtrueを返し、「または」と読み下します。次のプログラムでは、年齢が5歳以下または65歳以上の場合に「幼児と高齢者」と表示します。

■chap2-8-2.js

```
1  let text = prompt( '年齢は？' );
2  let age = parseInt( text );
3  if( age <= 5 || age >= 65 ) {
4      console.log( '幼児と高齢者' );
   }
```

- 1行目：新規作成 / 変数text / 入れろ / 入力させる / 文字列「年齢は？」
- 2行目：新規作成 / 変数age / 入れろ / 整数化 / 変数text
- 3行目：もしも / 変数age / ❶以下 / 数値5 / ❸または / 変数age / ❷以上 / 数値65 / 真なら以下を実行せよ
- 4行目：コンソール / 表示しろ / 文字列「幼児と高齢者」
- ブロック終了

読み下し文

1. 文字列「年齢は？」を表示してユーザーに入力させた結果を、新規作成した変数textに入れろ。
2. 変数textを整数化して、新規作成した変数ageに入れろ。
3. もしも「変数ageが5以下、または変数ageが65以上」が真なら以下を実行せよ
4. {　文字列「幼児と高齢者」をコンソールに表示しろ。　}

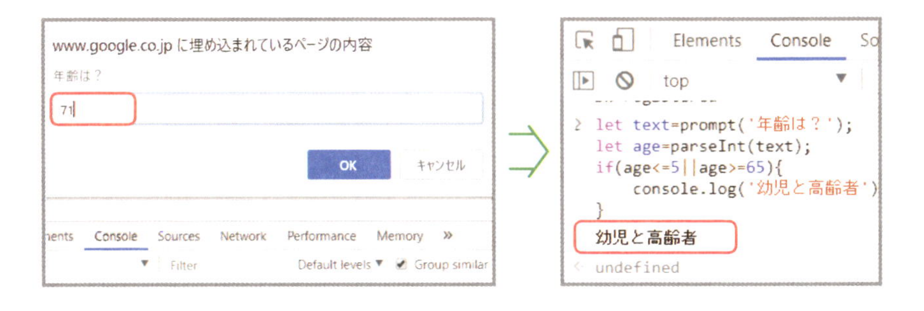

!演算子を使ってfalseのときだけ実行する

3つ目の!演算子は、直後（右側）にあるtrueとfalseを逆転します。すでにisNaN関数での利用例をお見せしましたね。真偽値を返す関数やメソッドの戻り値を逆転させたい場合などに使います。

■chap2-8-3.js

新規作成 変数text 入れろ 入力させる 文字列「年齢は？」

```
1 let text = prompt( '年齢は？' );
```

もしも ではない 数値に変換不可 変数text 真なら以下を実行せよ

```
2 if( ! isNaN( text ) ) {
```

コンソール 表示しろ 文字列「数値に変換可能」

```
3     console.log( '数値に変換可能' );
```

ブロック終了

```
}
```

本書では!演算子を「ではない」と読み下します。

読み下し文

1 文字列「年齢は？」を表示してユーザーに入力させた結果を、新規作成した変数textに入れろ。

2 もしも「変数textは数値に変換不可ではない」が真なら以下を実行せよ

3 { 文字列「数値に変換可能」をコンソールに表示しろ。 }

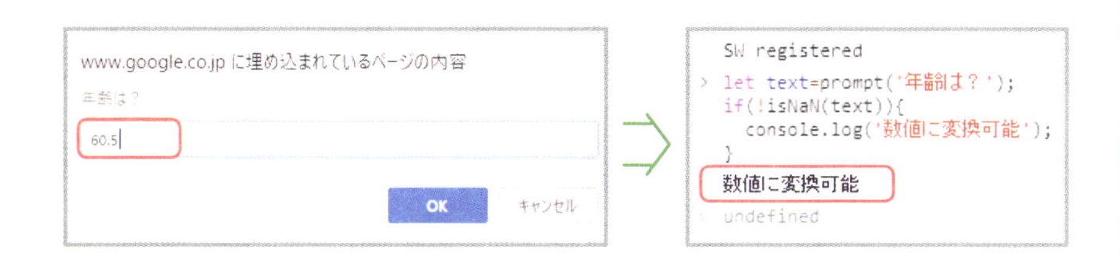

!演算子は左側に値を置くことができません。値を1つしか持てない演算子を「単項演算子」と呼びます。!演算子以外では、負の数を表すために使う「-」も単項演算子です（33ページ参照）。

NO 09

年齢層を分析するプログラムを作ってみよう

ここまでに作った「数値に変換不可かどうかの判定」「年齢層の判定」「義務教育期間の判定」を組み合わせてみよう

長いプログラムになりそうですね

ちょっとだけね

年齢層を分析するプログラムの仕様

プログラムを書き始める前に、プログラムの仕様を整理しておきましょう。

- **ユーザーに年齢を入力させる**
- **入力した文字列が数値に変換不可のときだけ年齢層の判定を行う**
- **年齢に応じて「未成年」「成人」「高齢者」の3つの結果を表示する**
- **未成年のうち、義務教育期間の場合は「未成年」「(義務教育)」と表示する**

プログラムの実行結果は次のとおりです。

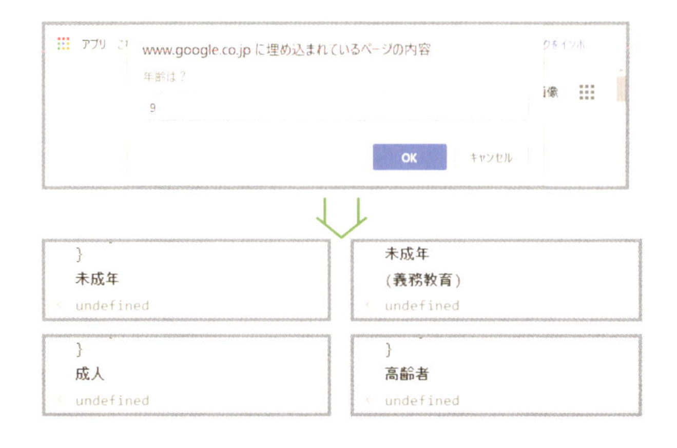

「数値判定」のブロック内に「3段階の判定」を書く

先に義務教育期間の判定以外のところを書いていきましょう。ユーザーに年齢を入力させるpromptメソッドを書き、次に数値に変換不可か判定するif文とisNaN関数を書きます。そして、if文のブロック内に年齢層を3段階で判定するif～else if～elseを書きます。

■chap2-9-1.js

```
   新規作成 変数text 入れろ 入力させる 文字列「年齢は？」
1  let␣text = prompt( '年齢は？' );
   もしも ではない 数値に変換不可 変数text 真なら以下を実行せよ
2  if( ! isNaN( text ) ) {
       新規作成 変数age 入れろ 整数化 変数text
3      let␣age = parseInt( text );
       もしも 変数age 小さい 数値20 真なら以下を実行せよ
4      if( age < 20 ) {
           コンソール 表示しろ 文字列「未成年」
5          console.log( '未成年' );
       そうではなく もしも 変数age 小さい 数値65 真なら以下を実行せよ
6      } else␣if( age < 65 ) {
           コンソール 表示しろ 文字列「成人」
7          console.log( '成人' );
       そうでなければ以下を実行せよ
8      } else {
           コンソール 表示しろ 文字列「高齢者」
9          console.log( '高齢者' );
       ブロック終了
       }
   ブロック終了
   }
```

ちょうどchap2-7-1.jsの内容にchap2-6-1.jsを継ぎ足したようなプログラ

ムです。ブロックの中にブロックが入るので波カッコの数に注意して入力してください。波カッコの対応を間違えた場合、シンタックスエラーが表示されます(90ページ参照)。

読み下し文

1 文字列「年齢は？」を表示してユーザーに入力させた結果を、新規作成した変数textに入れろ。
2 もしも「変数textは数値に変換不可」が真なら以下を実行せよ
3 {　変数textを整数化して、新規作成した変数ageに入れろ。
4 　もしも「変数ageは数値20より小さい」が真なら以下を実行せよ
5 　{　文字列「未成年」をコンソールに表示しろ。 }
6 　そうではなく「変数ageは数値65より小さい」が真なら以下を実行せよ
7 　{　文字列「成人」をコンソールに表示しろ。　}
8 　そうでなければ以下を実行せよ
9 　{　文字列「高齢者」をコンソールに表示しろ。 }
}

この段階のプログラムを実行すると、入力した年齢に応じて3段階の結果が表示されます。数字以外を入力した場合は、プログラムが終了します。

```
top
      }else if(age<65){
          console.log('成
      } else {
          console.log('高
      }
  }
未成年
undefined
>
```

少し長いプログラムを入力するときは、一気に入力せずに、途中段階で実行して動作確認するといいよ

義務教育期間の判定を追加する

未成年だったときに義務教育期間かどうかを判定する部分を追加しましょう。

■ chap2-9-2.js

```
新規作成 変数text 入れろ 入力させる 文字列「年齢は？」
1  let␣text = prompt( '年齢は？' );
もしも ではない 数値に変換不可 変数text 真なら以下を実行せよ
2  if( ! isNaN( text ) ) {
新規作成 変数age 入れろ 整数化 変数text
3      let␣age = parseInt( text );
もしも 変数age 小さい 数値20 真なら以下を実行せよ
4      if( age < 20 ) {
コンソール 表示しろ 文字列「未成年」
5          console.log( '未成年' );
もしも 変数age ❶以上 数値6 ❸かつ 変数age ❷以下 数値15 真なら……
6          if( age >= 6 && age <= 15 ) {
コンソール 表示しろ 文字列「義務教育」
7              console.log( '(義務教育)' );
ブロック終了
           }
そうではなく もしも 変数age 小さい 数値65 真なら以下を実行せよ
8      } else␣if( age < 65 ) {
コンソール 表示しろ 文字列「成人」
9          console.log( '成人' );
そうでなければ以下を実行せよ
10     } else {
コンソール 表示しろ 文字列「高齢者」
11         console.log( '高齢者' );
ブロック終了
       }
```

ブロック終了

}

6～7行目が新たに追加した部分です。「age<20」を確認しているif節のブロック内にif文を書き、6～15歳なら「'(義務教育)'」と表示します。

読み下し文

1 文字列「年齢は？」を表示してユーザーに入力させた結果を、新規作成した変数textに入れろ。

2 もしも「変数textは数値に変換不可」が真なら以下を実行せよ

3 { 変数textを整数化して、新規作成した変数ageに入れろ。

4 もしも「変数ageは数値20より小さい」が真なら以下を実行せよ

5 { 文字列「未成年」をコンソールに表示しろ。

6 もしも「変数ageが数値6以上、かつ変数ageが数値15以下」が真なら以下を実行せよ

7 { 文字列「(義務教育)」をコンソールに表示しろ。 }

}

8 そうではなくもしも「変数ageは数値65より小さい」が真なら以下を実行せよ

9 { 文字列「成人」をコンソールに表示しろ。 }

10 そうでなければ以下を実行せよ

11 { 文字列「高齢者」をコンソールに表示しろ。 }

}

6～15歳の年齢を入力して「義務教育」と表示されることを確認しましょう。

できました！　長いプログラムがちゃんと動くと達成感がありますね

プログラムをよりシンプルにするための工夫

今回のプログラムの場合、入力された文字列が数値に変換不可な場合、それ以降の部分は実行する必要がありません。「数値に変換不可」のときにプログラムを中断してしまえば、それ以降の文はブロックを一段階減らすことができます。

■chap2-9-2.js（改良案）

新規作成　変数text　入れろ　入力させる　文字列「年齢は？」

```
let␣text = prompt( '年齢は？' );
```

もしも　数値に変換不可　変数text　真なら以下を実行せよ

```
if( isNaN( text ) ) {

    プログラム中断
```

以降は処理する必要がないので中断

ブロック終了

```
}
```

新規作成　変数age　入れろ　整数化　変数text

```
let␣age = parseInt( text );
```

1段階ブロックを減らせる

……後略……

一般的には、年齢を判定する処理を関数にまとめ、return文を使って途中脱出できるようにします。関数の作り方についてはChapter 4で解説しているので、興味がある方は挑戦してみてください。

NO 10

エラーメッセージを読み解こう②

カッコが対応していないときのシンタックスエラー

if文の式やブロックの閉じカッコが多い場合、次のシンタックスエラーが表示されます。「予想外のところで } が出てきた」という意味です。

■エラーメッセージ

捕捉不可能な　文法エラー：　予期しない　字句　}

```
1 Uncaught SyntaxError: Unexpected token }
```

読み下し文

1 **捕捉不可能な文法エラー：予期しない語句 }**

逆に閉じカッコが少ない場合はどうなるのでしょうか。コンソールに貼り付けて実行している場合は、足りない閉じカッコを入力するまで Enter キーを押してもプログラムが実行されません。

HTMLに読み込ませて無理に実行した場合は、「予想外のところで入力が終わっている」という意味のシンタックスエラーが表示されます。

■エラーメッセージ

捕捉不可能な　文法エラー：　予期しない　終端　の　入力

```
1 Uncaught SyntaxError: Unexpected end 折り返し
of input
```

読み下し文

1 **捕捉不可能な文法エラー：予期しない入力の終端**

else ifの半角空きを忘れた場合

else if節を書くときに「elseif(……){」と書いてしまった場合、閉じカッコが多い場合と似たシンタックスエラーになります。

■エラーメッセージ

捕捉不可能な　文法エラー：　予期しない　字句　{

```
1  Uncaught SyntaxError: Unexpected token {
```

今ひとつ理解しにくいですが、「elseif(……)」を関数の呼び出しと解釈してしまい、そのあとに「{」が来る意味がわからないといっているようです。

数値に変換できない文字列をparseInt関数に渡した場合

isNaN関数で数値に変換不可かチェックしない場合、数字ではない文字列がparseInt関数に渡されることがあります。その場合でもエラーが出ることはありませんが、「非数」という意味の「NaN」という値が返されます。

■結果が非数になってしまうプログラム

```
let value = parseInt( 'abc' );     ―― 変数valueにNaNが入る
console.log( value  * 10 );        ―― 計算した結果もNaNになる
```

■実行結果

非数

```
NaN
```

エラーにならないならいいんじゃないですかね？

いや、問題があるのにエラーで止まらないのは、逆にまずいよ。値はなるべくチェックしたほうがいい

NO 11

復習ドリル

問題1：6歳未満なら「幼児」と表示するプログラムを作る

以下の読み下し文を参考にして、そのとおりに動くプログラムを書いてください。

ヒント：chap2-5-3.jsが参考になります。

読み下し文

1. **文字列「年齢は？」を表示してユーザーに入力させた結果を、新規作成した変数textに入れろ。**
2. **変数textを整数化して、新規作成した変数ageに入れろ。**
3. **もしも「変数ageは数値6より小さい」が真なら以下を実行せよ**
4. **{　文字列「幼児」をコンソールに表示しろ。　}**

完成したプログラムを実行すると、6歳未満の数値を入力したときに「幼児」と表示されます。

```
let text=prompt('年齢は？');
let age=parseInt(text);
if(age<6){
    console.log('幼児');
}
幼児                                         VM1187:4
undefined
```

問題2：以下のプログラムの問題点を探す

以下のプログラムには大きな問題があります。ふりがなを振り、何が問題か説明してください。

ヒント：chap2-8-1.jsが参考になります。

■chap2-11-2.js

```
let text = prompt( '年齢は？' );
let age = parseInt( text );
if( age <= 5 && age >= 65 ) {
    console.log( '幼児と高齢者' );
}
```


if文で「空（から）」かどうかをチェックする

if文には真偽値を返す式や関数以外を渡すこともできます。数値の場合は0のときはfalse、それ以外はtrueを返します。また、空（から）の文字列のときもfalseを返します。

「空の文字列」というのは、「''」のように文字列を書くためのクォートだけを2つ並べたものです。ユーザーが何も入力しなかったことを判定するときなどに使います。

```
if(''){                           ← 実際は文字列を入れた変数を書く
  console.log( '空ではない' );
} else {
  console.log( '空です' );        ← ''の場合はこちらが実行される
}
```

解答1

解答例は次のとおりです。

■chap2-11-1.js

```
    新規作成 変数text 入れろ 入力させる 文字列「年齢は？」
1   let text = prompt( '年齢は？' );
    新規作成 変数age 入れろ 整数化 変数text
2   let age = parseInt( text );
    もしも 変数age 小さい 数値6 真なら以下を実行せよ
3   if( age < 6  ) {
        コンソール 表示しろ 文字列「幼児」
4       console.log( '幼児' )
    ブロック終了
    }
```

解答2

「ageが5以下」と「ageが65以上」を同時に満たすことがないため、「age <= 5 && age >= 65」が真（true）になることはありえません。

■chap2-11-2.js

```
    新規作成 変数text 入れろ 入力させる 文字列「年齢は？」
1   let text = prompt( '年齢は？' );
    新規作成 変数age 入れろ 整数化 変数text
2   let age = parseInt( text );
    もしも 変数age ❶以下 数値5 ❸かつ 変数age ❷以上 数値65 真なら以下を実行せよ
3   if( age <= 5 && age >= 65 ) {
        コンソール 表示しろ 文字列「幼児と高齢者」
4       console.log( '幼児と高齢者' );
    ブロック終了
    }
```

JavaScript
HIRAGANA PROGRAMING

Chapter 

繰り返し文を学ぼう

NO 01

繰り返し文ってどんなもの？

おやおや、すごく忙しそうだね

忙しいっていうか、繰り返し作業が多いんですよ。こういうのもJavaScriptで何とかできますよね？

詳しく聞かないと何ともいえないけど、できることもあるはずだよ

効率を大幅アップする繰り返し文

繰り返し文とは、名前のとおり同じ仕事を繰り返すための文です。ちょっとイメージしづらいかもしれませんが、繰り返し文を使えば効率が大幅に上がる、ということは予想が付くと思います。

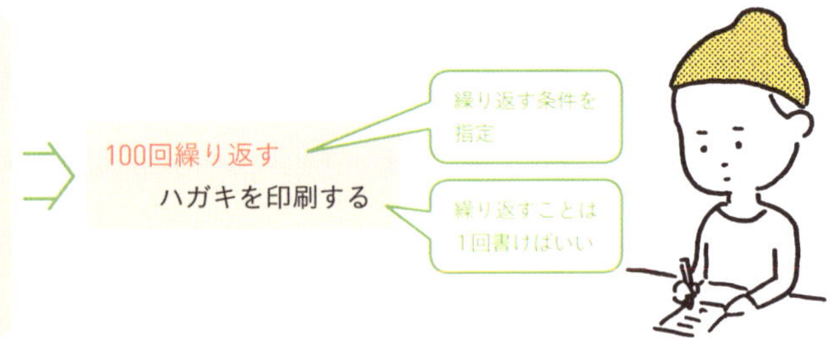

繰り返し文をフローチャートで表すと、角を落とした四角形2つを矢印でつないだ形になります。矢印の流れが輪のようになるので、英語で輪を意味にする「ループ（loop）」とも呼ばれます。

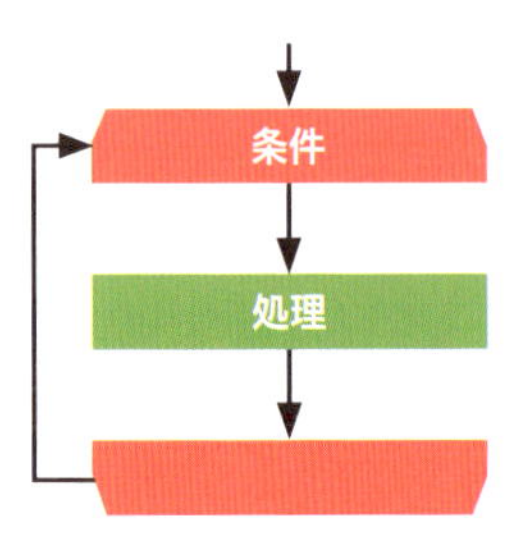

私たちが普段使っているプログラムのほとんども、「ユーザーの操作を受けとる→結果を出す」を繰り返すループ構造になっています。

繰り返しと配列

Chapter 3では繰り返しとあわせて「配列」という型が登場します。配列は連続したデータを記憶することができ、JavaScriptの繰り返し文と組み合わせると直感的に連続処理できます。

繰り返し文は難しい？

繰り返し文は、まったく同じ仕事を繰り返すだけなら難しくないのですが、それでは大して複雑なことはできません。繰り返しの中で変数の内容を変化させたり、繰り返しを入れ子にしたり、分岐を組み合わせたりしていくと、だんだんややこしくなっていきます。

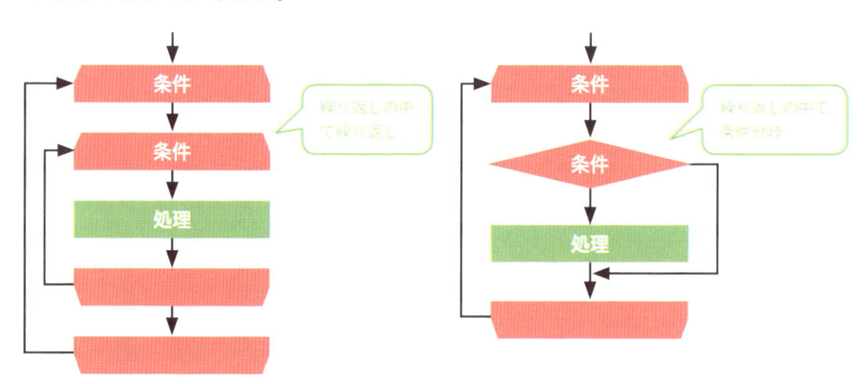

複雑な繰り返し文が難しいのは確かなのですが、よく使われるパターンはそれほど多くありません。変数に実際の値をはめ込む「穴埋め図」などを使って、少しずつ理解を深めていきましょう。

難しいのはイヤですけど、単純な繰り返し作業を自分でやるよりはいいですよ

その気持ちは大事だね。プログラミングでは、単純作業をいかに減らすかって考え方が大切なんだよ

NO 02

条件式を使って繰り返す

繰り返し文は何種類かあるけど、まずはシンプルなwhile（ホワイル）文からやってみよう

何で繰り返しが「while」なんですか？

whileには「〜である限り」という意味がある。while文も「条件を満たす限り繰り返す」んだ

while文の書き方を覚えよう

while文は、条件を満たす間繰り返しをする文です。whileのカッコ内に、trueかfalseを返す式や関数などを書きます。そのため、書き方はif文に似ています。あとで説明するfor文が回数が決まった繰り返しに向くのに対し、while文は条件があって回数が決まっていない繰り返しに向きます。

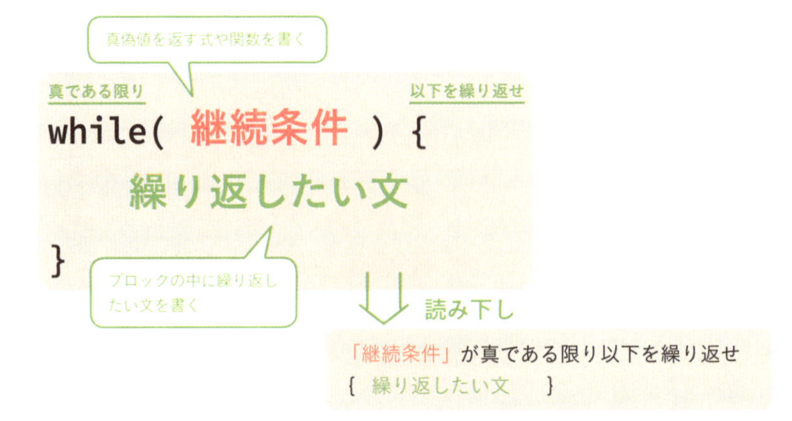

英語のwhileには「〜する限り」という意味があります。そこで「継続条件が真である限り」と読み下すことにしました。

残高がゼロになるまで繰り返す

次のプログラムは、「50000円の資金から5080円ずつ引いていった経過」を表示するプログラムです。資金が底を突いたら終了させたいので、「変数shikinが0以上」をwhile文の継続条件にしました。

■chap3-2-1.js

```
新規作成 変数shikin 入れろ 数値50000
1 let␣shikin = 50000;
真である限り 変数shikin 以上 数値0 以下を繰り返せ
2 while( shikin >= 0 ) {
コンソール 表示しろ 変数shikin
3     console.log( shikin );
変数shikin 入れろ 変数shikin 引く 数値5080
4     shikin = shikin - 5080;
ブロック終了
  }
```

読み下し文

1 数値50000を、新規作成した変数shikinに入れろ。

2 「変数shikinは数値0以上」が真である限り以下を繰り返せ

3 { 変数shikinをコンソールに表示しろ。

4 変数shikinから数値5080を引いた結果を変数shikinに入れろ。 }

プログラムを実行すると、10回目で繰り返しが終了します。

```
50000    VM1214:3
44920    VM1214:3
39840    VM1214:3
34760    VM1214:3
29680    VM1214:3
24600    VM1214:3
19520    VM1214:3
14440    VM1214:3
9360     VM1214:3
4280     VM1214:3
-800
```

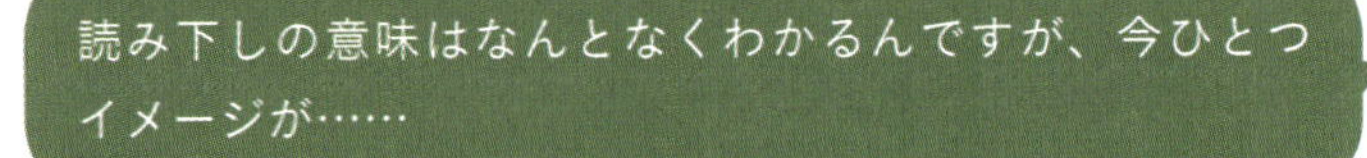

穴埋め図で考えてみよう

次の図はwhile文のブロック内を穴埋め図で表したものです。繰り返し文なので、ブロック内の文は、繰り返しの数だけ展開されることになります。

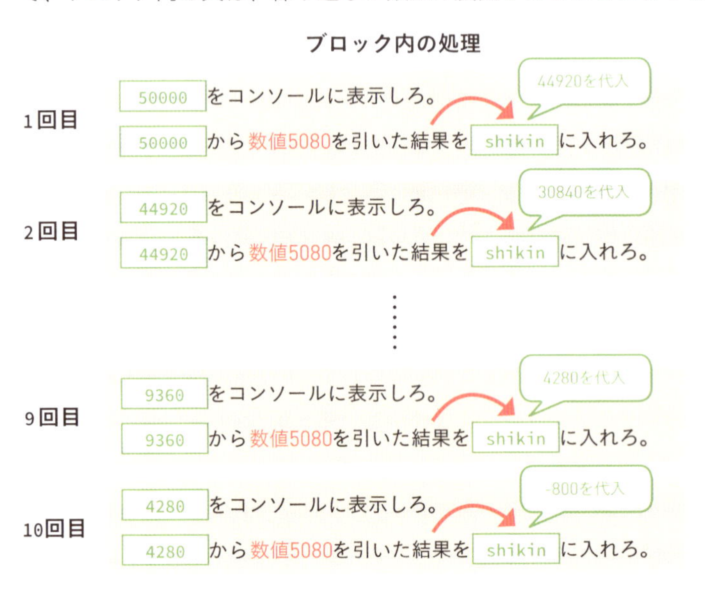

このように繰り返し文は、プログラム上は短い文でも展開されて長い実行結果になるものなのです。

変数shikinの中身がちょっとずつ減っていきますね！　最後には「-800」になってしまう

そういうこと。そして、「shikin>0」がfalseになるから繰り返しは終了するんだ

変数から少しずつ引く式を理解する

while文の意味はわかったんですが、「shikin=shikin-5080」って何か変じゃないですか？

そう感じる人は結構いるんだよね。たぶん数学で「=」を「等しい」と習ったせいだと思うけど

プログラムだと意味が違うんですね

数学の方程式では「shikin=shikin-5080」は成立しません。しかし、プログラムの「=」は代入演算子で、「変数に入れろ」という命令です。代入演算子の優先順位はかなり低いので、たいてい「=」の左右にある式を処理してから仕事をします。

つまり、「shikin=shikin-5080」は、変数shikinのその時点の値から5080を引き、その結果を変数shikinに入れろという意味になります。繰り返し文の中で書くと、繰り返しのたびに変数shikinは5080ずつ減っていきます。

■chap3-2-1.js（抜粋）

変数shikin ❷入れろ 変数shikin ❶引く 数値5080

```
4    shikin = shikin - 5080;
```

計算もできる代入演算子

「shikin=shikin-5080」という式では、shikinという変数名を2回書かなければいけません。代入演算子の-=を使えば、「shikin-=5080」と短く書けます。

演算子	読み方	例	同じ意味の式
+=	右辺を左辺に足して入れる	a+=10	a=a+10
-=	右辺を左辺から引いて入れる	a-=10	a=a-10
*=	右辺を左辺に掛けて入れる	a*=10	a=a*10
/=	右辺を左辺から割って入れる	a/=10	a=a/10

NO 03

仕事を10回繰り返す

次はfor（フォー）文を使って「10回繰り返す文」の書き方を覚えてみよう

これも何で「for」なのか謎ですね？

「for 3 days」（3日間）のように期間を表す意味合いがあるから、そこから来てるんじゃないかな

for文の書き方を覚えよう

for文は回数が決まった繰り返しに向いています。for文のカッコには3つの式を「;（セミコロン）」で区切って書きます。繰り返しが始まる前に「初期化」が1回だけ実行され、「継続条件」が真の間繰り返しが実行されます。「最終式」はブロック内の処理が終わったあとに毎回実行されます。

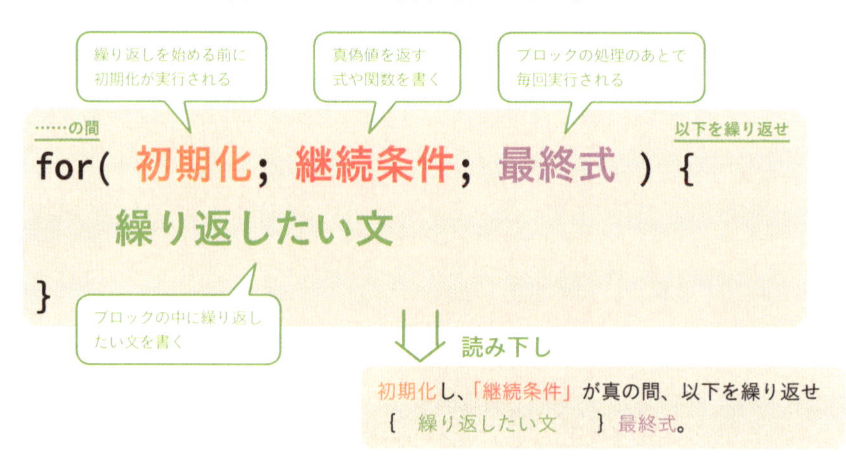

ややこしく感じますが、読み下し文の「継続条件〜繰り返したい文のブロック」のところだけを見てください。while文とほぼ同じです。つまりfor文とは、

while文に回数をカウントするための式を付け足したものなのです。

while文

「継続条件」が真である限り以下を繰り返せ
{ 繰り返したい文 }

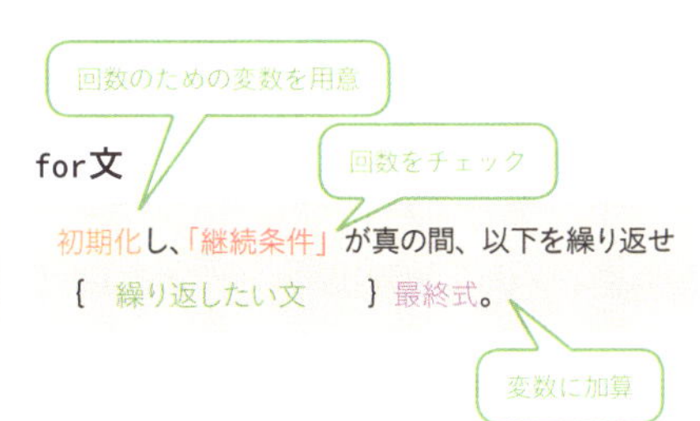

同じメッセージを10回表示する

「ハロー！」を10回表示する繰り返し文を書いてみましょう。10回繰り返したい場合はrange関数の引数に10を指定します。ここでは回数のための変数を、counterを略したcntとしています。

■chap3-3-1.js

……の間　新規作成　変数cnt　入れろ　数値0　変数cnt　小なり　数値10　変数cnt　1増　以下を繰り返せ

コンソール　表示しろ　文字列「ハロー！」

ブロック終了

```
1  for( let cnt = 0; cnt < 10; cnt++ ) {
2      console.log( 'ハロー！' );
   }
```

読み下し文

1 **新規作成した変数cntを数値0で初期化し、継続条件「変数cntが10より小さい」が真の間、以下を繰り返せ**

2 **{ 文字列「ハロー！」をコンソールに表示しろ。 } 変数cntを1増やす。**

読み下すときに、for文のカッコ内の式を3つに分けて配置します。初期化は繰り返しが始まる前に実行されるので、最初に置きます。わかりやすくするために「初期化し」と読み下していますが、やっていることは普通の代入です。最終式は繰り返しのたびにブロックのあとで実行されるので、「}」のあとに書きます。最終式の「++」は変数の値を1増やすという意味のインクリメント演算子です。短く書けるのでfor文ではよく使います。

このプログラムを実行すると、「ハロー！」が10回表示されます。

```
SW registered
> for(let cnt=0;cnt<10;cnt++){
      console.log('ハロー！');
  }
10 ハロー！
  undefined
```

コンソール上では、同じ文字列はまとめられて回数が表示されます。

メッセージの中に回数を入れる

繰り返したい文の中でカウンター変数を使ってみましょう。console.logメソッドの引数にし、「回目のハロー！」という文字列と並べて表示します。

■chap3-3-2.js

……の間　新規作成　変数cnt　入れろ　数値0　変数cnt　小なり　数値10　変数cnt　1増　以下を繰り返せ

```
1  for( let cnt = 0; cnt < 10; cnt++ ) {
```

コンソール　表示しろ　変数cnt　連結　文字列「回目のハロー！」

```
2      console.log( cnt + '回目のハロー！');
```

ブロック終了

```
   }
```

読み下し文

1 新規作成した変数cntを数値0で初期化し、継続条件「変数cntが10より小さい」が真の間、以下を繰り返せ

2 {　変数cntと文字列「回目のハロー！」を連結した結果をコンソールに表示しろ。

} 変数cntを1増やす。

```
0回目のハロー！    VM1364:2
1回目のハロー！    VM1364:2
2回目のハロー！    VM1364:2
3回目のハロー！    VM1364:2
4回目のハロー！    VM1364:2
5回目のハロー！    VM1364:2
6回目のハロー！    VM1364:2
7回目のハロー！    VM1364:2
8回目のハロー！    VM1364:2
9回目のハロー！    VM1364:2
```

読み下し文の意味がわかりにくいですね。結果を見ればわかるんですが……

人間が読む文章には「繰り返し文」ってないからイメージしにくいよね。ロボットとベルトコンベアをイメージしてみよう

「繰り返したい文」をロボットへの指示書としてイメージする

「繰り返したい文」を工場で働くロボットへの指示だと捉え直してみましょう。for文のたとえとして、ロボットの前にベルトコンベアがある状態をイメージしてください。ベルトコンベアの上を0～9の数値が流れてきます。ロボットは数値を1つ拾って指示書の変数cntの部分にはめ込み、それにしたがって仕事をします。それを最後の数値になるまで繰り返すと、「0回目のハロー！」から「9回目のハロー！」が順番に表示されるのです。

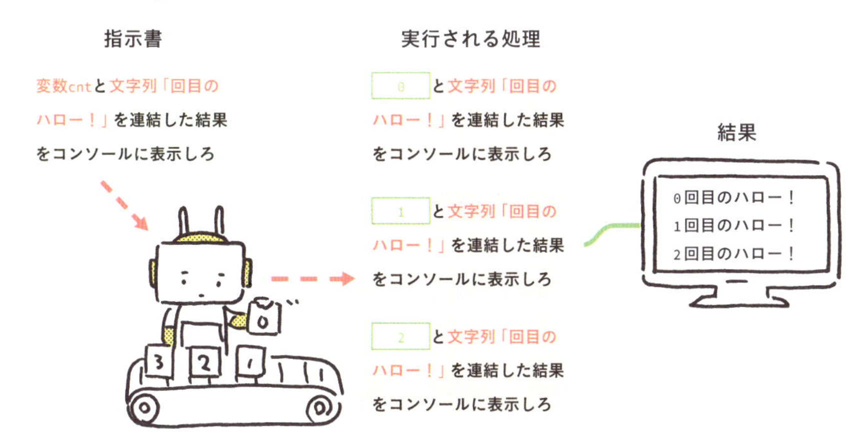

商品を箱詰めするロボットとか、自動的に溶接するロボットとかが仕事している様子をイメージすればいいんですね

NO 04

10～1へ逆順で繰り返す

for文をより理解するために逆順の繰り返しもやってみよう

逆順って、10、9、8、7……って減っていくことですよね？

逆順で繰り返すには？

Chapter 3-3は1ずつ増えていくfor文の例でした。継続条件や最終式を変えれば、10ずつ増やしたり、1ずつ減らしたりすることもできます。10ずつ増やしたい場合は、最終式の「変数++」を「変数+=10」などに変更します。1ずつ減らしたい場合はデクリメント演算子を使って「変数--」と書きます。

10～1の範囲内で1ずつ減っていく連番を作成して、繰り返してみましょう。初期化で変数cntに10を入れ、継続条件は「cnt>0」にします。

■chap3-4-1.js

……の間　新規作成　変数cnt　入れろ　数値10　変数cnt　大なり　数値0　変数cnt　1減　以下を繰り返せ

```
1 for( let␣cnt = 10; cnt > 0; cnt-- ) {
```

コンソール　表示しろ　変数cnt　連結　文字列「回目のハロー！」

```
2     console.log( cnt + '回目のハロー！');
```

ブロック終了

```
}
```

読み下し文

1 新規作成した変数cntを数値10で初期化し、継続条件「変数cntが0より大きい」が真の間、以下を繰り返せ

2 { 変数cntと文字列「回目のハロー！」を連結した結果をコンソールに表示しろ。

} 変数cntを1減らす。

プログラムを実行してみましょう。「10回目のハロー！」〜「1回目のハロー！」が表示されます。

```
10回目のハロー！    VM1391:2
9回目のハロー！     VM1391:2
8回目のハロー！     VM1391:2
7回目のハロー！     VM1391:2
6回目のハロー！     VM1391:2
5回目のハロー！     VM1391:2
4回目のハロー！     VM1391:2
3回目のハロー！     VM1391:2
2回目のハロー！     VM1391:2
1回目のハロー！     VM1391:2
```

繰り返しからの脱出とスキップ

break（ブレーク）文とcontinue（コンティニュー）文は、繰り返し文の流れを変えるためのものです。以下の例文はwhile文を例にしていますが、for文の中でも使えます。

break文は繰り返しを中断したいときに使います。例えば、通常なら10回繰り返すが、何か非常事態が起きたら繰り返しを終了するといった場合です。

continue文は繰り返しは中断しませんが、ブロック内のそれ以降の文をスキップして、繰り返しを継続します。つまり、繰り返しの処理を1回スキップすることになります。

どちらの文も、繰り返し文のブロックがある程度長くならないと使いませんが、いつか使う日のために頭のすみに置いておいてください。

```
while( 継続条件 ) {
  if( 脱出条件 ) {
    break;        ―― 繰り返し文から脱出
  }
  if( スキップ条件 ) {
    continue;     ―― 繰り返し文の先頭に戻って継続
  }
}
```

NO 05

繰り返し文を2つ組み合わせて九九の表を作る

for文のブロック内にfor文を書いて入れ子にすることもできるよ。「多重ループ」っていうんだ

繰り返しを繰り返すんですか？　言葉を聞くだけで難しそう。人間に理解できるものなんでしょうか？

でもね、ぼくらの生活も、1時間を24回繰り返すと1日で、それを7回繰り返すと1週間……1カ月を12回繰り返すと1年なわけだ。多重ループって意外と身近なんだよ

九九の計算をしてみよう

for文のブロック内にfor文を書くと多重ループになります。多重ループの練習でよく使われる例なのですが、九九の計算をしてみましょう。九九は1～9と1～9を掛け合わせるので、1～9で繰り返すfor文を2つ組み合わせます。

■chap3-5-1.js

```
1  for( let x = 1; x < 10; x++ ){
2    for( let y = 1; y < 10; y++ ){
3      console.log( x * y );
     }
   }
```

（注釈）
1行目：……の間　新規作成　変数x　入れろ　数値1　変数x　小さい　数値10　変数x　1増　以下を繰り返せ
2行目：……の間　新規作成　変数y　入れろ　数値1　変数y　小さい　数値10　変数y　1増　以下を繰り返せ
3行目：コンソール　表示しろ　変数x　掛ける　変数y
ブロック終了
ブロック終了

1つ目のfor文のブロック内に2つ目のfor文を書くので、波カッコの対応に注意してください。

読み下し文

1　新規作成した変数xを数値1で初期化し、継続条件「変数xが10より小さい」が真の間、以下を繰り返せ

2　{ 新規作成した変数yを数値1で初期化し、継続条件「変数yが10より小さい」が真の間、以下を繰り返せ

3　{ 変数xに変数yを掛けた結果をコンソールに表示しろ。} 変数yを1増やす。

} 変数xを1増やす。

実行すると次のように「1×1」～「9×9」の結果が表示されます。

```
1    VM1418:3
2    VM1418:3
3    VM1418:3
4    VM1418:3
5    VM1418:3
6    VM1418:3
7    VM1418:3
8    VM1418:3
...
18   VM1418:3
27   VM1418:3
36   VM1418:3
45   VM1418:3
54   VM1418:3
63   VM1418:3
72   VM1418:3
81   VM1418:3
```

読み下し文の最初の2行はわかります。でも3行目の掛け算をしているところがうまくイメージできないです

それじゃあ、またベルトコンベアの図で説明しよう

for文を入れ子にしているので、ベルトコンベアも2つになります。ベルトコンベア1のロボットが1つ数値を拾うと、ベルトコンベア2が動き始めます。流れてくる数値をベルトコンベア2のロボットが拾って、指示書にしたがって仕事をしていきます。ベルトコンベア2の仕事が終わると、またベルトコンベア1が動き出してロボットが数値を1つ拾います。

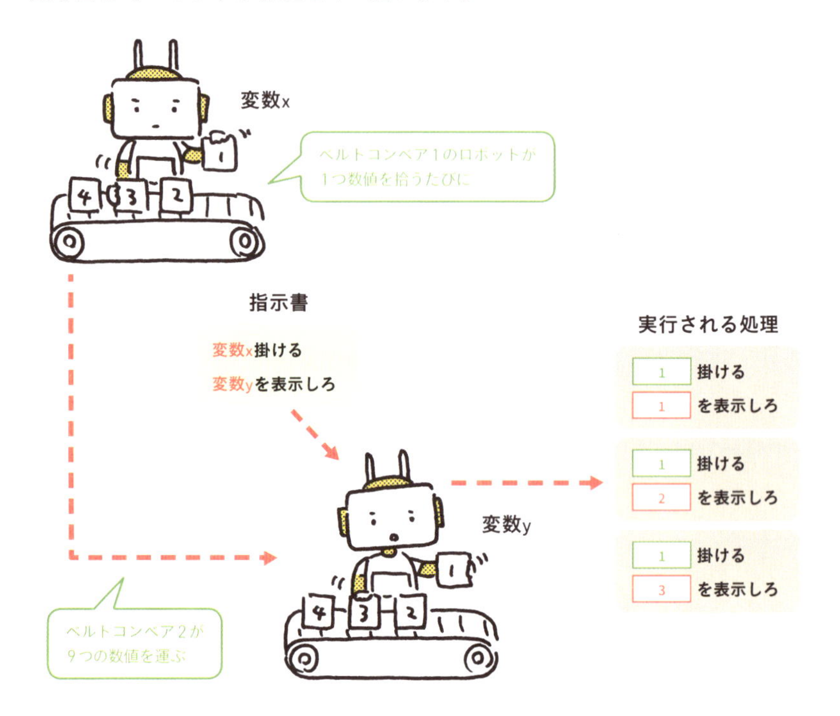

九九らしく表示する

より九九らしくするために、「1×1＝1」という式の部分も表示するようにしてみましょう。2つのfor文の部分は先ほどのサンプルと同じです。console.logメソッドの部分で、変数と文字列を連結して式を表示します。

console.logメソッドの文が入りきらないので途中で折り返しています（実際に入力するプログラムでは折り返さなくてもかまいません）。JavaScriptでは単語の区切りで自由に改行してかまいません。

■chap3-5-2.js

```
……の間 新規作成 変数x 入れろ 数値1 変数x 小さい 数値10 変数x 1増 以下を繰り返せ
1 for( let␣x = 1; x < 10; x++ ){
    ……の間 新規作成 変数y 入れろ 数値1 変数y 小さい 数値10 変数y 1増 以下を……
2   for( let␣y = 1; y < 10; y++ ){
        コンソール 表示しろ 変数x ❷連結 文字列「×」 ❸連結 変数y
3       console.log( x + '×' + y 折り返し
        ❹連結 文字列「=」 ❺連結 変数x ❶掛ける 変数y
        + '=' + x * y );
    ブロック終了
    }
ブロック終了
}
```

読み下し文

1 新規作成した変数xを数値1で初期化し、継続条件「変数xが10より小さい」が真の間、以下を繰り返せ

2 { 新規作成した変数yを数値1で初期化し、継続条件「変数yが10より小さい」が真の間、以下を繰り返せ

3 { 変数x、文字列「×」、変数y、文字列「=」を連結し、変数xに変数yを掛けた結果を連結してコンソールに表示しろ。 } 変数yを1増やす。

} 変数xを1増やす。

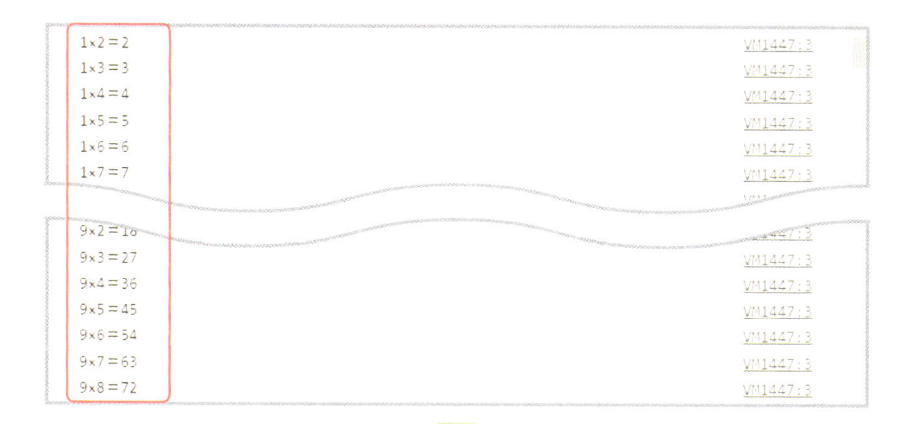

NO 06

配列に複数のデータを記憶する

今度は「配列（はいれつ）」の使い方を説明するよ

それって繰り返し文とどう関係があるんですか？

配列にすると「連続したデータ」として扱えるので、繰り返し文と組み合わせやすくなるんだ

配列の書き方を覚えよう

配列は中に複数の値を入れられる「型」です。繰り返し文とも、よく組み合わせて使われます。配列を作るには**全体を角カッコで囲み、値をカンマで区切って並べます**。配列内の個々の値を「要素」と呼びます。要素は、数値でも文字列でも何でもかまいません。

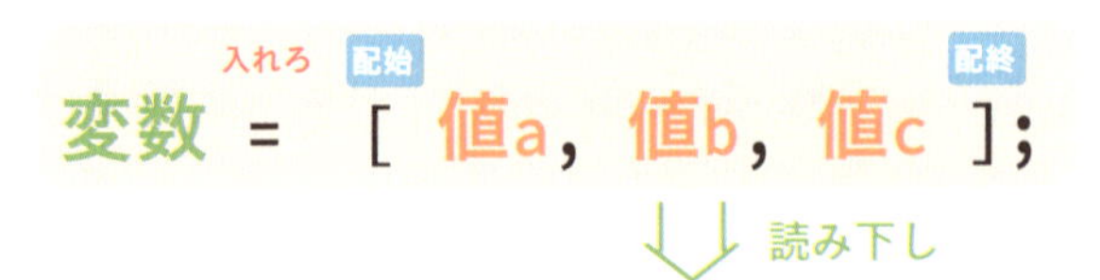

読み下し

配列［値a, 値b, 値c］を変数に入れろ。

配列の始まりと終わりをわかりやすくするために、角カッコの上に「配始」と「配終」というマークを付けました。

配列を作成すると、1つの変数の中に複数の値が入った状態になります。

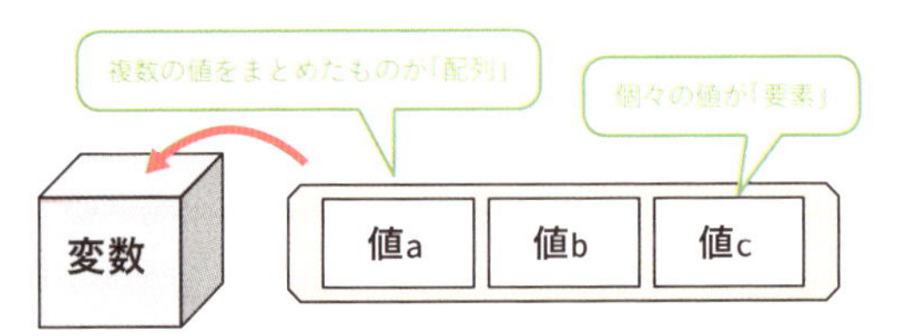

配列内の要素を利用するときは、変数名のあとに角カッコで囲んで数値を書きます。この数値を「インデックス（添え字）」と呼びます。

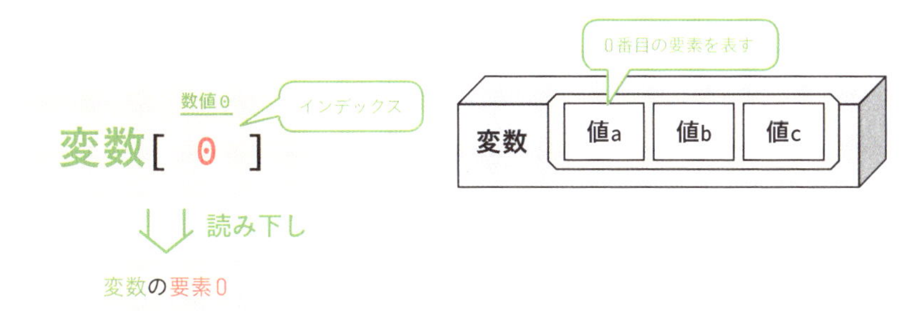

インデックスには整数を使用するので、整数が入った変数、整数の結果を返す式や関数なども使えます。ふりがなではそのまま「数値0」や「変数idx」のように書き、読み下し文では「要素0」や「要素idx」と書いて、配列を利用していることが伝わるようにします。

配列を作って利用する

配列を作って「月、火、水、木、金」という5つの文字列を記憶し、その中から1つ表示しましょう。

■chap3-6-1.js

```
   新規作成 変数wdays 入れろ 配始 文字列「月」 文字列「火」 文字列「水」 文字列「木」 文字列「金」 配終
1  let␣wdays = [ '月','火','水','木','金' ];
   コンソール 表示しろ 変数wdays 数値1
2  console.log( wdays[1] );
```

先ほど説明したように、2行目の数値1は要素1と読み下します。

読み下し文

1 配列［文字列「月」, 文字列「火」, 文字列「水」, 文字列「木」, 文字列「金」］を、新規作成した変数wdaysに入れろ。

2 変数wdaysの要素1をコンソールに表示しろ。

プログラムを実行すると、「火」と表示されます。配列のインデックスは0から数え始めるので、要素1は「火」になるのです。

```
SW registered                                   newtab?ie=UTF-8:7
> wdays=['月','火','水','木','金'];
  console.log(wdays[1]);
  火                                              VM1476:2
< undefined
> |
```

配列の要素を書き替える

配列に記憶した要素を、個別に書き替えることもできます。角カッコとインデックスで書き替える要素を指定し、=演算子を使って新しい値を記憶します。要素の扱い方は単独の変数とほぼ同じです。

■chap3-6-2.js

新規作成 変数wdays 入れろ 配始 文字列「月」 文字列「火」 文字列「水」 文字列「木」 文字列「金」 配終

```
1 let wdays = [ '月','火','水','木','金' ];
```

変数wdays 数値1 入れろ 文字列「炎」

```
2 wdays[1] = '炎';
```

コンソール 表示しろ 変数wdays

```
3 console.log( wdays );
```

ここでは要素1に「炎」という文字列を入れています。3行目で、配列を入れた変数をそのままconsole.logメソッドの引数にしている点に注目してください。

読み下し文

1 **配列[文字列「月」, 文字列「火」, 文字列「水」, 文字列「木」, 文字列「金」]を、新規作成した変数wdaysに入れろ。**

2 **変数wdaysの要素1に文字列「炎」を入れろ。**

3 **変数wdaysをコンソールに表示しろ。**

プログラムを実行すると、配列全体が表示されます。今回のようにインデックスを付けずに配列を入れた変数を指定した場合、配列全体が表示されるのです。要素1は「火」ではなく「炎」に変わっていますね。

```
  SW registered                                      newtab?ie=UTF-8:7
> wdays=['月','火','水','木','金'];
  wdays[1]='炎';
  console.log(wdays);
  ▶(5) ["月", "炎", "水", "木", "金"]                VM1503:3
  undefined
> |
```

配列を操作するための便利なメソッドなどをいくつか紹介しておきます。ちなみに配列はArray型のオブジェクトです。

その他の配列型の操作

例文	働き
配列.length	配列の要素数を返す。
配列.push()	配列の末尾に要素を追加する。
配列.pop()	配列の最後の要素を削除して返す。
配列.remove(値)	配列から値と一致する要素を取り除く。
配列.sort()	配列の要素を並べ替える。
配列.shift()	配列の先頭要素を削除して返す。

コンソールでの配列表示

「console.log(wdays);」で配列全体を表示すると、配列の横に▶が付いています。これをクリックすると、配列の内容をより細かく見ることができます。

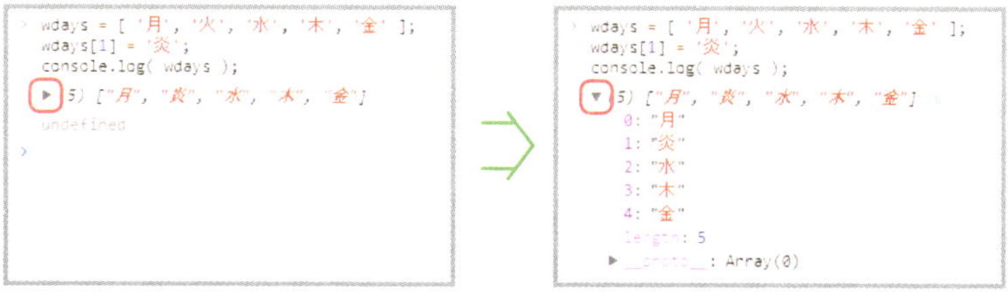

```
> wdays = [ '月', '火', '水', '木', '金' ];
  wdays[1] = '炎';
  console.log( wdays );
  ▶(5) ["月", "炎", "水", "木", "金"]
  undefined
>
```

```
> wdays = [ '月', '火', '水', '木', '金' ];
  wdays[1] = '炎';
  console.log( wdays );
  ▼(5) ["月", "炎", "水", "木", "金"]
     0: "月"
     1: "炎"
     2: "水"
     3: "木"
     4: "金"
     length: 5
   ▶__proto__: Array(0)
```

NO 07

配列の内容を繰り返し文を使って表示する

配列とfor文を組み合わせた使い方を教えるよ。書き方は難しくないけど2パターンあるんだ

for～of文で配列を利用する

for～of文は配列から1要素ずつ順番に取り出して繰り返しできる文です。ES2015で利用可能になりました。それを利用して「月曜日～金曜日」を表示してみましょう。for文のカッコの中に「let 変数 of 配列」と書きます。

■chap3-7-1.js

```
新規作成 変数wdays 入れろ 配始 文字列「月」 文字列「火」 文字列「水」 文字列「木」 文字列「金」 配終
1 let␣wdays = [ '月','火','水','木','金' ];
……の間 新規作成 変数day 所属する 変数wdays 以下を繰り返せ
2 for( let␣day␣of␣wdays ){
コンソール 表示しろ 変数day 連結 文字列「曜日」
3     console.log( day + '曜日' );
ブロック終了
  }
```

for～of文は「配列に所属する要素を変数に順次入れる」と読み下します。

読み下し文

1 配列［文字列「月」, 文字列「火」, 文字列「水」, 文字列「木」, 文字列「金」］を、新規作成した変数wdaysに入れろ。

2 変数wdaysに所属する要素を、新規作成した変数dayに順次入れる間 、以下を繰り返せ

3 {　変数dayと文字列「曜日」を連結した結果をコンソールに表示しろ。　}

```
}
月曜日                                                VM1532:3
火曜日                                                VM1532:3
水曜日                                                VM1532:3
木曜日                                                VM1532:3
金曜日                                                VM1532:3
```

for文を使ってインデックスを指定する

ES5環境などfor〜of文が使えない場合は、for文を使って順次処理します。for文で作った連続する数値を、配列のインデックスとして使うのです。

■ chap3-7-2.js

新規作成 変数wdays 入れろ 配始 文字列「月」 文字列「火」 文字列「水」 文字列「木」 文字列「金」 配終

```
1 let wdays = [ '月','火','水','木','金' ];
```

……の間 新規作成 変数cnt 入れろ 数値0 変数cnt 小さい 数値5 変数cnt 1増 以下を繰り返せ

```
2 for( let cnt = 0; cnt < 5; cnt++ ){
```

コンソール 表示しろ 変数wdays 変数cnt 文字列「曜日」

```
3     console.log( wdays[cnt] + '曜日' );
```

ブロック終了

```
}
```

読み下し文

1 配列[文字列「月」, 文字列「火」, 文字列「水」, 文字列「木」, 文字列「金」]を、新規作成した変数wdaysに入れろ。

2 新規作成した変数cntを数値0で初期化し、継続条件「変数cntが数値5より小さい」が真の間、以下を繰り返せ

3 {変数wdaysの要素cntと文字列「曜日」を連結した結果をコンソールに表示しろ。

} 変数cntを1増やす。

プログラムの実行結果はchap3-7-1.jsと同じです。左ページで説明した書き方より少し複雑になりますが、for文が変数（この例だと変数cnt）に入れる数値を他の目的でも使えるというメリットがあります。

NO 08 総当たり戦の表を作ろう

繰り返し文の総まとめとして、総当たり戦の表を作ってみよう

総当たり戦って、全チームが対戦する方式ですよね

単純にすべての組み合わせを並べる

総当たり戦とは、「A vs B」「A vs C」という組み合わせを作っていくことです。単純に考えれば、九九の計算と同じような多重ループで作れるはずです。今回はA〜Eの5つのチームがあるとして、それらの名前を配列にして変数teamに入れておきます。そして二重のfor〜of文で、配列から名前を順番に取り出し、2つのチーム名を組み合わせて表示していきます。

■chap3-8-1.js

```
新規作成 変数team 入れろ 配始 文字列「A」 文字列「B」 文字列「C」 文字列「D」 文字列「E」 配終
1 let team = [ 'A', 'B', 'C', 'D', 'E' ];
  ……の間 新規作成 変数t1 所属する 変数team 以下を繰り返せ
2 for( let t1 of team ) {
      ……の間 新規作成 変数t2 所属する 変数team 以下を繰り返せ
3     for( let t2 of team ) {
          コンソール 表示しろ 変数t1 連結 文字列「vs」 連結 変数t2
4         console.log( t1 + 'vs' + t2 );
      ブロック終了
      }
  ブロック終了
  }
```

読み下し文

1 配列［文字列「A」, 文字列「B」, 文字列「C」, 文字列「D」, 文字列「E」］を、新規作成した変数teamに入れろ。

2 変数teamに所属する要素を、新規作成した変数t1に順次入れる間、以下を繰り返せ

3 { 変数teamに所属する要素を、新規作成した変数t2に順次入れる間、以下を繰り返せ

4 { 変数t1と文字列「vs」と変数t2を連結してコンソールに表示しろ。}

}

プログラムを実行してみましょう。

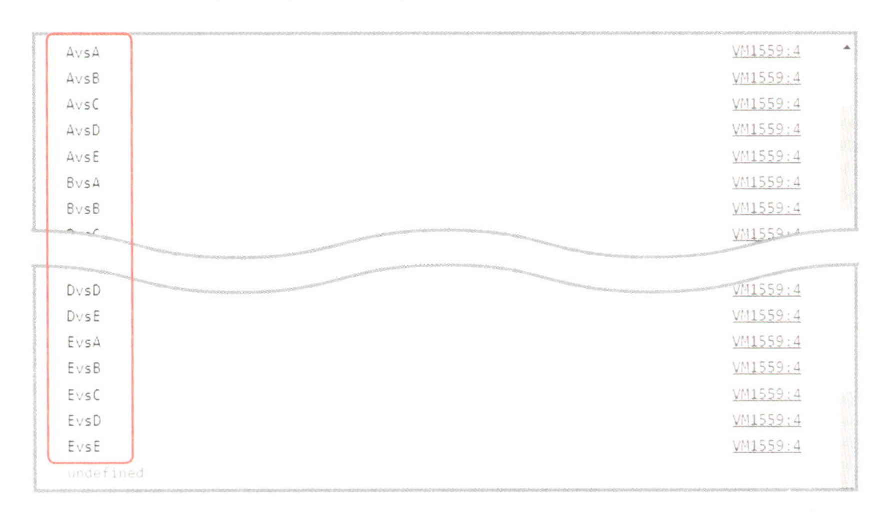

あ、同じチーム同士の試合ができちゃってますよ。「A vs A」とか「B vs B」とか

単純に同じものを組み合わせてるからそうなるよね。どうしたらいいと思う？

if文で同じチーム同士なら表示しないことにしたらどうでしょう？

内側のfor文のブロック内にif文を書き、チーム名が等しくないときだけ表示するようにします。等しくないことを判定するときは、!=演算子を使います。

■chap3-8-2.js

新規作成 変数team 入れろ 配始 文字列「A」 文字列「B」 文字列「C」 文字列「D」 文字列「E」 配終

```
1 let␣team = [ 'A', 'B', 'C', 'D', 'E' ];
```

……の間 新規作成 変数t1 所属する 変数team 以下を繰り返せ

```
2 for( let␣t1␣of␣team ) {
```

……の間 新規作成 変数t2 所属する 変数team 以下を繰り返せ

```
3     for( let␣t2␣of␣team ) {
```

もしも 変数t1 等しくない 変数t2 以下を実行せよ

```
4         if( t1 != t2 ) {
```

コンソール 表示しろ 変数t1 連結 文字列「vs」 連結 変数t2

```
5             console.log( t1 + 'vs' + t2 );
```

ブロック終了

```
        }
```

ブロック終了

```
    }
```

ブロック終了

```
}
```

読み下し文

1 配列[文字列「A」, 文字列「B」, 文字列「C」, 文字列「D」, 文字列「E」]を、新規作成した変数teamに入れろ。

2 変数teamに所属する要素を、新規作成した変数t1に順次入れる間、以下を繰り返せ

3 { 変数teamに所属する要素を、新規作成した変数t2に順次入れる間、以下を繰り返せ

4 { もしも「変数t1と変数t2が等しくない」が真なら以下を実行せよ

5 { 変数t1と文字列「vs」と変数t2を連結してコンソールに表示しろ。 }

}

}

プログラムを実行すると、チーム名が等しくないときだけ表示するので、同チームの対戦がなくなります。

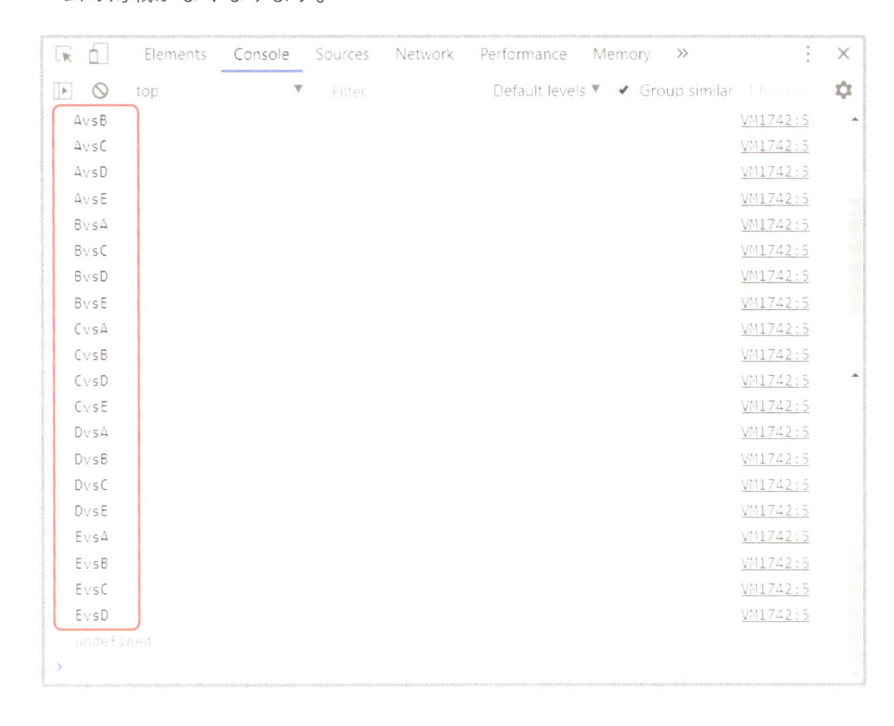

できましたね！

ところで、「A vs B」と「B vs A」は同じ組み合わせだよね。これも省くことはできないかな？

じゃあ、if文を追加して……。あれ？　どうしたらいいんでしょう？

その場合は考え方を基本から変えないとダメなんだ

同じ対戦組み合わせを省くには？

どうプログラムを書いたらいいかわからないときは、一回プログラムのことは忘れて、自分がやりたいことを整理してみましょう。まず、総当たり戦の表を書いてみます。そこから同チーム同士の対戦と、同じ対戦組み合わせを省くと、表の右上半分だけが残ります。

	A	B	C	D	E
A	A vs A	A vs B	A vs C	A vs D	A vs E
B	B vs A	B vs B	B vs C	B vs D	B vs E
C	C vs A	C vs B	C vs C	C vs D	C vs E
D	D vs A	D vs B	D vs C	D vs D	D vs E
E	E vs A	E vs B	E vs C	E vs D	E vs E

→

	A	B	C	D	E
A		A vs B	A vs C	A vs D	A vs E
B			B vs C	B vs D	B vs E
C				C vs D	C vs E
D					D vs E
E					

この残った部分だけを表示するプログラムを作ればいいわけです。

■chap3-8-3.js

新規作成 変数team 入れろ 配始 文字列「A」 文字列「B」 文字列「C」 文字列「D」 文字列「E」 配終

```
1 let team = [ 'A', 'B', 'C', 'D', 'E' ];
```

新規作成 変数opps 入れろ 配始 文字列「A」 文字列「B」 文字列「C」 文字列「D」 文字列「E」 配終

```
2 let opps = [ 'A', 'B', 'C', 'D', 'E' ];
```

……の間 新規作成 変数t1 所属する 変数team 以下を繰り返せ

```
3 for( let t1 of team ) {
```

変数opps 先頭削除

```
4     opps.shift();
```

……の間 新規作成 変数t2 所属する 変数opps 以下を繰り返せ

```
5     for( let t2 of opps ) {
```

コンソール 表示しろ 変数t1 連結 文字列「vs」 連結 変数t2

```
6       console.log( t1 + 'vs' + t2 );
```

ブロック終了

```
    }
```

ブロック終了

```
}
```

今回は対戦相手を表す配列も用意し、変数oppsに入れました。そして、外側のfor文で繰り返すたびに、配列の先頭要素を削除するshiftメソッド（115ページ参照）を呼び出します。そうすると配列は「'B', 'C', 'D', 'E'」→「'C', 'D', 'E'」→「'D', 'E'」→「'E'」と減っていきます。

読み下し文

1 配列［文字列「A」, 文字列「B」, 文字列「C」, 文字列「D」, 文字列「E」］を、新規作成した変数teamに入れろ。

2 配列［文字列「A」, 文字列「B」, 文字列「C」, 文字列「D」, 文字列「E」］を、新規作成した変数oppsに入れろ。

3 変数teamに所属する要素を、新規作成した変数t1に順次入れる間、以下を繰り返せ

4 ｛ 変数oppsの先頭要素を削除しろ。

5 変数oppsに所属する要素を、新規作成した変数t2に順次入れる間、以下を繰り返せ

6 ｛ 変数t1と文字列「vs」と変数t2を連結してコンソールに表示しろ。 ｝

｝

```
AvsB                                   VM1769:6
AvsC                                   VM1769:6
AvsD                                   VM1769:6
AvsE                                   VM1769:6
BvsC                                   VM1769:6
BvsD                                   VM1769:6
BvsE                                   VM1769:6
CvsD                                   VM1769:6
CvsE                                   VM1769:6
DvsE                                   VM1769:6
undefined
```

意外と短いプログラムでできましたね。でも、読み下し文から結果をイメージしにくい感じが……

こういうものは読み下しても意味がない。先に「問題の解き方」を考えて、それをプログラムにしていくのが普通なんだ。問題の解き方を「アルゴリズム」というんだよ

NO 09

エラーメッセージを読み解こう③

繰り返し文の条件を間違えると、いつまで経っても終わらなくなる場合があるんだよ。そういう無限に続く繰り返し文を「無限ループ」というんだ

無限ループ！　日常会話でも聞く言葉ですね

無限ループを止める

例えば次のプログラムは「変数sumvが0以上である限り」繰り返します。ところがブロック内で変数sumvに1ずつ足しているので、変数sumvが0より小さくなることはありません。いつまで経っても継続条件がtrueのままです。

■chap3-9-1.js

```
   新規作成 変数sumv 入れろ 数値0
1  let␣sumv = 0;
   真である限り 変数sumv 以上 数値0 以下を繰り返せ
2  while( sumv >= 0 ) {
       変数sumv 入れろ 変数sumv 足す 数値1
3      sumv = sumv + 1;
   ブロック終了
   }
```

読み下し文

1　数値0を、新規作成した変数sumvに入れろ。

2　数値0を、新規作成した変数sumvに入れろ。

3　{ 変数sumvに数値1を足した結果を変数sumvに入れろ。 }

このプログラムを実行すると、いつまで経っても終わらないため、Chromeのタブが操作できなくなります。パソコン全体の動作も重くなるはずです。その場合はChromeの「タスクマネージャ」という機能を利用して、強制的にタブを閉じます。

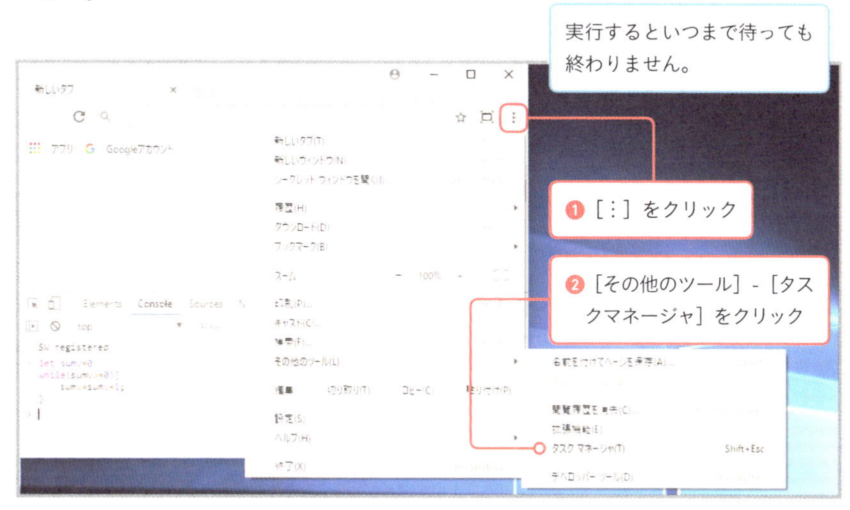

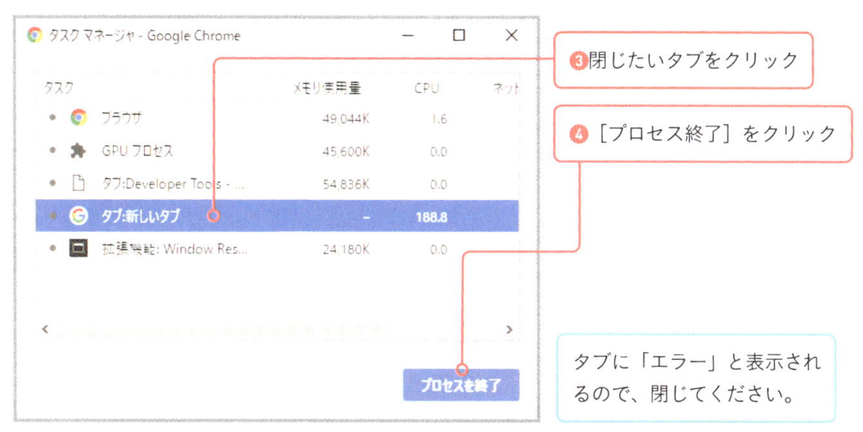

無限ループは怖いですね。重すぎてタスクマネージャも表示できなくなったらどうしたらいいんでしょう？

Chromeを強制終了するしかないかな。それでもダメならパソコンごと終了！

NO 10 復習ドリル

問題1：東西南北を表示するプログラムを書く

以下の読み下し文を読んで、東西南北を表示するプログラムを書いてください。
ヒント：chap3-7-1.js

読み下し文

1 配列 [文字列「東」, 文字列「西」, 文字列「南」, 文字列「北」] を、新規作成した変数dirに入れろ。

2 変数dirに所属する要素を変数dに順次入れる間 、以下を繰り返せ

3 {　変数dをコンソールに表示しろ。　}

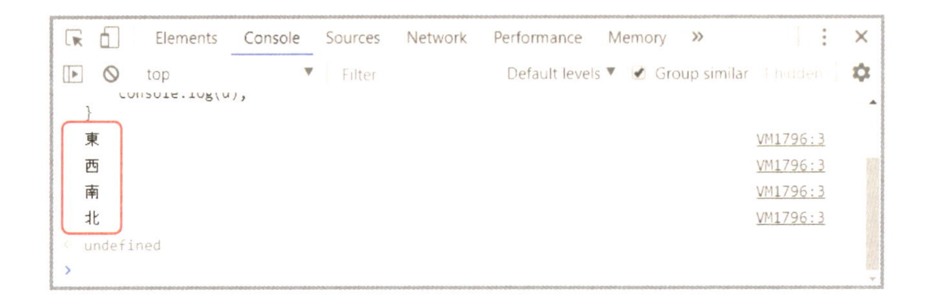

「月火水木金」を表示する代わりに「東西南北」にするんですね

そのとおり。ちょっと変えるだけだよ

問題2：曜日を逆順に表示するプログラムを書く

以下の読み下し文を読んで、金曜日〜月曜日を表示するプログラムを書いてください。配列には「月、火、水、木、金」の順番に記録されているものとします。

ヒント：chap3-7-2.jsにchap3-4-1.jsを組み合わせる

読み下し文

1 **配列［文字列「月」, 文字列「火」, 文字列「水」, 文字列「木」, 文字列「金」］を、新規作成した変数wdaysに入れろ。**

2 **新規作成した変数cntを数値4で初期化し、継続条件「変数cntは数値0以上」が真の間、以下を繰り返せ**

3 **{ 変数wdaysの要素cntと文字列「曜日」を連結した結果をコンソールに表示しろ。} 変数cntを1減らす。**

```
金曜日    VM1823:3
木曜日    VM1823:3
水曜日    VM1823:3
火曜日    VM1823:3
月曜日    VM1823:3
```


文字列も連続データ

JavaScriptでは文字列も配列と同様の連続データです。角カッコでインデックスを指定して1文字抜き出したり、for文で1文字ずつ表示したりすることもできます。

```
let youbistr = '月火水木金'
console.log( youbistr[1] )     ──「火」が表示される

for( let c of '月火水木金' ){   ──「月〜金」が順番に表示される
  console.log( c );
}
```

解答1

解答例は次のとおりです。

■chap3-10-1.js

```
  新規作成 変数dir 入れる 配始 文字列「東」 文字列「西」 文字列「南」 文字列「北」 配終
1 let dir = [ '東', '西', '南', '北' ];
  ……の間 新規作成 変数d 所属する 変数dir 以下を繰り返せ
2 for( let d of dir ){
  コンソール 表示しろ 変数d
3     console.log( d );
  ブロック終了
4 }
```

解答2

解答例は次のとおりです。

■chap3-10-2.js

```
  新規作成 変数wdays 入れる 配始 文字列「月」 文字列「火」 文字列「水」 文字列「木」 文字列「金」 配終
1 let wdays = [ '月','火','水','木','金' ];
  ……の間 新規作成 変数cnt 入れる 数値4 変数cnt 以上 数値0 変数cnt 1減 以下を繰り返せ
2 for( let cnt = 4; cnt >= 0; cnt--) {
  コンソール 表示しろ 変数wdays 変数cnt 連結 文字列「曜日」
3     console.log( wdays[cnt] + '曜日' );
  ブロック終了
4 }
```

JavaScript
HIRAGANA PROGRAMING

Chapter 

関数を作ろう

NO 01

関数を作る目的は何？

関数は自分で作ることもできるんだよ

へぇー、そうなんですか。でも、別に関数を作りたいと思わないんですけど……？

いやいや、ちょっと複雑で長いプログラムを書くときに役立つんだよ

関数は複数の文をまとめて名前を付けたもの

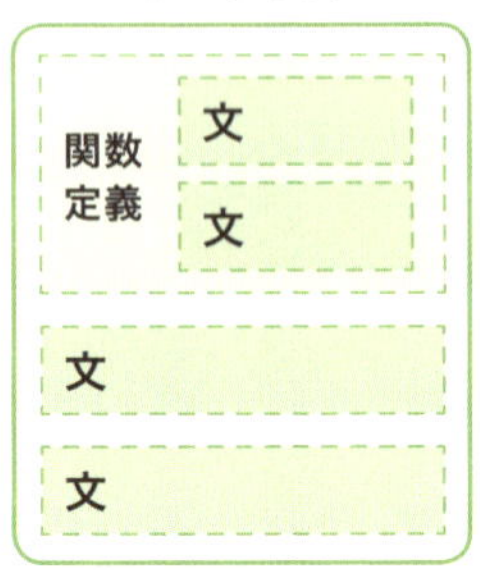

関数を作ることを「関数定義」といいます。関数を定義するには、関数のブロック内にJavaScriptの文を書いていきます。ブロック内での書き方はこれまでのプログラムとあまり変わらないので、プログラムの一部をくくり出して名前を付けるイメージです。

「これまでも関数って書いてきたよね」と思った人。それは関数の定義ではなく、関数の「呼び出し」です。念のため、関数、式、演算子、ifやforなどの文の関係を整理しておきましょう。

文	プログラムの中の1つの処理。if文、for文などの種類がある
式	演算子、式、値、関数呼び出しなどを組み合わせたもので、文の一部になる
演算子	計算や比較などを行う記号。式の一部になる
関数	複数の文をまとめ、名前を付けて呼び出し可能にしたもの

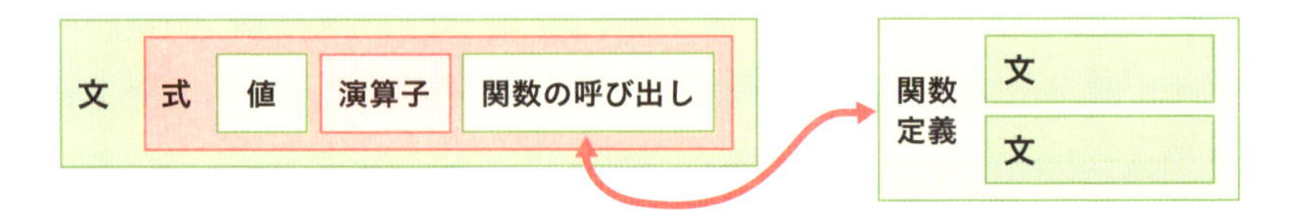

関数を自分で作るメリットは？

parseIntやisNaNのような組み込み関数をイメージすると、初心者が作るものではないように感じるかもしれません。しかし関数を作ることは、プログラムを理解しやすくする次のようなメリットもあります。

①プログラムの構造を理解しやすくなる

関数を作るというのは、プログラムの一部に名前を付けることでもあります。例えば、「年齢層を判定する関数」「税込み価格を求める関数」といった具合です。人間が読む文章で見出しを付けると読みやすくなるのと同様に、プログラムのどこが何をしているのかがわかりやすくなります。

②関数は何度でも呼び出せる

自作の関数は何度でも呼び出せるので、プログラム内に同じ処理を繰り返し書かずに済みます。

関数を呼び出す部分

```
年齢層を求める関数(年齢の数値)
税込み価格を求める関数(価格の数値)
```

何度でも呼び出せる

関数を作る部分（定義）

名前が付いてわかりやすい

```
年齢層を求める関数( age ){
  年齢層を求めるif文
}

税込み価格を求める関数( kakaku ){
  税込み価格を求める式
}
```

関数を自分で作る意味みたいなものがわかったかな？

なんとなく理解できましたけど、オリジナルの関数を作りたくなるような場面にはまだ遭遇してないので、ピンとこないですねー

サンプルプログラムを書いてみれば、その便利さを実感できるはずだよ。身近な例から行こう！

NO 02

関数の書き方を覚えよう

関数を使って、メールの定型文を自動出力してくれるプログラムを書いてみよう

それは実用的ですね！　でも定型文を自動出力する関数なんてありましたっけ？

うん、オリジナルの関数を作って、それを使うんだ

アロー関数式でオリジナルの関数を作る

関数を作るには次のように書きます。これはES2015から可能になった書き方です（ES5までの書き方については137ページで解説します）。

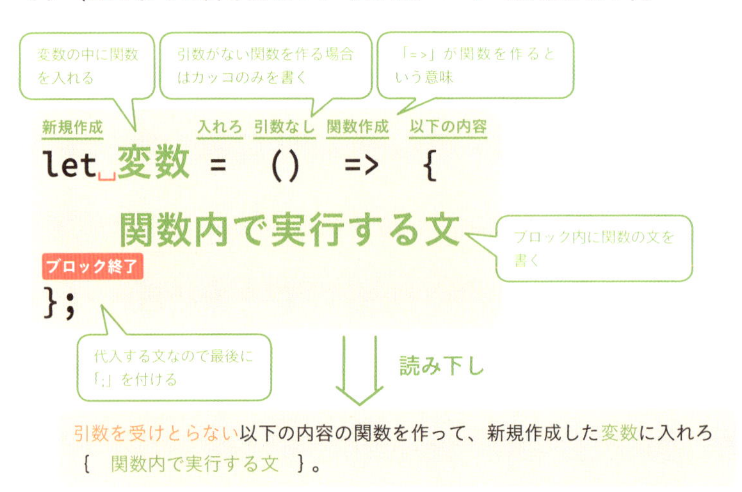

ちょっと不思議な書き方ですね。**「=>」を「アロー」と呼び、「()=>{ }」と組み合わせて関数を作ります**。作成した関数は名前がない状態なので、変数に入れると「変数名()」という形式で呼び出せるようになります。

定型メールの文面を作る関数を作る

ビジネスメール冒頭の挨拶や自己紹介などはいつも同じですよね。プログラムで自動化したいところです

自動化こそプログラムの強みだからね。定型文を自動出力するサンプルを用意してみたよ

createMailなんて、関数名もそれっぽくていいですね！

createMailという名前で、メールの定型文を自動出力する関数を作ります。サンプルを見るとわかるように、この関数の中身は2行のconsole.logメソッドです。「PT企画の斉藤です。」と「請求書を送ります。」という2つの文字列を表示しています。

■chap4-2-1.js

```
1  let createMail = () => {
   // 新規作成 / 変数createMail / 入れろ / 引数なし / 関数作成 / 以下の内容
2    console.log( 'PT企画の斉藤です。' );
   // コンソール / 表示しろ / 文字列「PT企画の斉藤です。」
3    console.log( '請求書を送ります。' );
   // コンソール / 表示しろ / 文字列「請求書を送ります。」
   };
   // ブロック終了
```

読み下し文

1 引数を受けとらない以下の内容の関数を作って、新規作成した変数createMailに入れろ

2 { 文字列「PT企画の斉藤です。」をコンソールに表示しろ。

3 文字列「請求書を送ります。」をコンソールに表示しろ。 }。

Chap. 4 関数を作ろう

実行しても何も起きませんよ。何か間違ってます？

まだ関数を作っただけだからね。呼び出さないと何も実行されないよ

作成した関数を呼び出す

定義した関数の呼び出し方は、これまで使ってきた関数と同じです。関数を入れた変数名に続けてカッコと引数を書きます（48ページ参照）。以下ではchap4-2-1.jsの末尾に、定義した関数createMailの呼び出し文を書き足しています。引数を受けとらない関数を作ったので、「=」に続けてカッコだけを書きます。

■chap4-2-2.js

```
   新規作成  変数createMail  入れろ 引数なし 関数作成 以下の内容
1  let␣createMail = () => {
       コンソール  表示しろ  文字列「PT企画の斉藤です。」
2    console.log( 'PT企画の斉藤です。' );
       コンソール  表示しろ  文字列「請求書を送ります。」
3    console.log( '請求書を送ります。' );
   ブロック終了
   };
     メールを作れ
4  createMail();
```

読み下し文

1 引数を受けとらない以下の内容の関数を作って、新規作成した変数createMailに入れろ

2 { 文字列「PT企画の斉藤です。」をコンソールに表示しろ。

3 文字列「請求書を送ります。」をコンソールに表示しろ。 }。

4 メールを作れ。

関数の呼び出し部分の読み下しは、関数の名前を直訳したものにしました。

```
  console.log('PT企画の斉藤です。');
  console.log('請求書を送ります。');
};
createMail()
PT企画の斉藤です。                VM1852:2
請求書を送ります。                VM1852:3
undefined
```

引数を受けとる関数を作る

引数を受けとる関数を定義する場合、アローの前のカッコ内に引数の名前を書きます。ここで名前を付けた引数は、関数のブロック内で使用できます。

この場合はメールの受信者名を引数にして変更可能にするので、「receiver（受信者）」を略した「recv」という名前の引数にします。その引数を使って文字列の「様」と並べて表示します。

最後に、createMail関数の呼び出しを2つ書き、それぞれに異なる引数を指定します。

■chap4-2-3.js

```
1 let createMail = ( recv ) => {
2     console.log( recv + '様' );
3     console.log( 'PT企画の斉藤です。' );
4     console.log( '請求書を送ります。' );
  };
5 createMail( '山本' );
6 createMail( '吉田' );
```

1行目: 新規作成 / 変数createMail / 入れろ / 引数recv / 関数作成 / 以下の内容
2行目: コンソール / 表示しろ / 引数recv / 連結 / 文字列「様」
3行目: コンソール / 表示しろ / 文字列「PT企画の斉藤です。」
4行目: コンソール / 表示しろ / 文字列「請求書を送ります。」
ブロック終了
5行目: メールを作れ / 文字列「山本」
6行目: メールを作れ / 文字列「吉田」

読み下し文

1 引数recvを受けとる以下の内容の関数を作って、新規作成した変数createMailに入れろ

2 { 引数recvと文字列「様」を連結した結果をコンソールに表示しろ。

3 　文字列「PT企画の斉藤です。」をコンソールに表示しろ。

4 　文字列「請求書を送ります。」をコンソールに表示しろ。 }。

5 文字列「山本」を指定してメールを作れ。

6 文字列「吉田」を指定してメールを作れ。

サンプルでは最後に引数の文字列を変えた2つの呼び出し文を書いているので、文例も2つ表示されます。

なお、メールを送信する機能はかなり難しいので、本書のサンプルでは文面をコンソールに表示するところで終わりです。文面をコンソールからコピーして使ってください。

宛先の名前だけが違う文面が2つできましたね

これなら関数を使ったほうが楽になることがわかるんじゃないかな？

確かに宛先だけ違う文面を何度も書くのは面倒ですよね。それにしてもプログラムというかメールの文例集みたいになってますね

そう思ってほしくて、こういう例にしたんだよ。ようするに関数は使い回しできる文例みたいなものなんだ

変えたいところだけ引数で指定するんですね

穴埋め図にしてみると、呼び出し側で指定した名前の文字列が、関数の引数に当てはめられることがわかります。

文字列「吉田」　文字列「山本」

recv を受けとる以下の内容の関数を作って、新規作成した変数createMailに入れろ
　recv と文字列「様」を連結した結果をコンソールに表示しろ。
　文字列「PT企画の斉藤です。」をコンソールに表示しろ。
　文字列「今月の請求書を送ります。」をコンソールに表示しろ。　｝。

実行結果

引数によって関数の結果が変わる

吉田様
PT企画の斉藤です。
今月の請求書を送ります。

山本様
PT企画の斉藤です。
今月の請求書を送ります。

function文とfunction式

ES5で関数を作る場合はfunction文やfunction式を使います。ES2015でも禁止されているわけではありませんが、今後は「アロー関数式」が主流になるといわれています。

```
function createMail( recv ){    ← function文による定義
  console.log( recv + '様' );
  ……中略……
}
```

NO 03

関数の中で変数を使う

定型文を表示するために何行もconsole.logメソッドを書くのはなんだかめんどうですね……

「テンプレート文字列」というものを使うと、console.logメソッドをたくさん書かなくて済むからプログラムが少しスッキリするよ

プログラムがシンプルになるほうが見た目がいいですもんね。教えてください！

テンプレート文字列で長文の文字列を作る

先のchap4-2-2.jsでは、定型文を表示するためにconsole.logメソッドを書いていましたが、ES2015で追加された「テンプレート文字列」を使えばもっとシンプルにできます。

テンプレート文字列は`（バッククォート）で囲んだ範囲に書いた文字列のことで、この範囲内での改行やスペースはプログラムの実行結果に反映されます。長い文章を変数に入れたい場合に便利な機能です。

「`」は Shift ＋@キーを押して入力

```
`ここに複数行の文章を書く
ここに複数行の文章を書く`
```

1行目「ここに複数行の文章を書く」

2行目「ここに複数行の文章を書く」

テンプレート文字列内の改行は、表示結果に反映される

終わりにも「`」を付ける

テンプレート文字列の中の文には1行目、2行目とふりがなを振り、読み下し文では『』で囲んで示します。

メール定型文の受信者名に任意の文字列を差し込む

テンプレート文字列を使う形に修正してみましょう。テンプレート文字列は改行もスペースもそのまま入るため、ブロック内でもインデントしないでください。インデントすると表示結果も字下げされてしまいます。

今回は受信者名に加えて、請求額も表示することにしました。createMail関数の引数はrecvとbillの2つになります。

■chap4-3-1.js

```
1 let createMail = ( recv, bill ) => {
2     let msg = `${recv}様
PT企画の斉藤です。
今月の請求額は${bill}円です。`;
3     console.log( msg );
};
4 createMail( '山本', 40000 );
```

新規作成／変数createMail／入れろ／引数recv／引数bill／関数作成／以下の内容

新規作成／変数msg／入れろ／1行目「${recv}様」

2行目「PT企画の斉藤です。」

3行目「今月の請求額は${bill}円です。」

コンソール／表示しろ／変数msg

ブロック終了

メールを作れ／文字列「山本」／数値40000

テンプレート文字列の中の${recv}と${bill}って何ですか？

${変数名}と書くと、そこに変数の内容が差し込まれるんだ。ここでは引数を差し込んでいる

だから「テンプレート（ひな形）」っていうんですね

読み下し文

1 引数recvと引数billを受けとる以下の内容の関数を作って、新規作成した変数createMailに入れろ

2 {　変数msgに次のテンプレート文字列を入れろ。

『${recv}様

PT企画の斉藤です。

今月の請求額は${bill}円です。』

3 変数msgをコンソールに表示しろ。　}。

4 文字列「山本」と数値40000を指定してメールを作れ。

プログラムの実行結果は次のようになります。「山本」と「40000」がcreateMail関数の引数recvと引数billに渡され、それがテンプレート文字列に差し込まれます。

ローカル変数

関数の中で作った変数を「ローカル変数」と呼びます。ローカル変数は関数のブロック内でのみ有効です。今回の例でいえば、変数msgはcreateMail関数のブロック内でしか使えません。そのため、関数外（呼び出し元など）とのデータのやり取りにはローカル変数を使えないことに注意してください。関数外とのやり取りには、引数と戻り値を使うようにしましょう。

テンプレート文字列を使わない場合は

テンプレート文字列はES2015で追加されたものです。ES5で書く場合は+演算子を使って文字列や引数を連結してください。

■chap4-3-2.js

```
新規作成 変数createMail 入れろ 引数recv 引数bill 関数作成 以下の内容
1 let␣createMail = ( recv, bill ) => {
  新規作成 変数msg 入れろ 引数recv 連結 文字列「様\n」
2   let␣msg = recv + '様\n' 折り返し
  連結 文字列「PT企画の斉藤です。\n」
    + 'PT企画の斉藤です。\n' 折り返し
  連結 文字列「今月の請求額は」 連結 引数bill 連結 文字列「円です。」
    + '今月の請求額は' + bill + '円です。';
  コンソール 表示しろ 変数msg
3   console.log( msg );
ブロック終了
};
メールを作れ 文字列「山本」 数値40000
4 createMail( '山本', 40000 );
```

文字列を連結する場合、改行も指定しなければいけません。文字列中で改行を表現するには「\n（バックスラッシュ＋n）」と書きます。バックスラッシュを入力するには[¥]キー（Macでは[option]＋[¥]キー）を押します。

NO 04 戻り値を返す関数を作る

経費の7%を手数料として乗せる場合があるんですが、その計算もできないですかね？

やってみよう。でもcreateMail関数の中に追加するのは変だから、別の関数に分けたほうがいいね

関数の実行結果の値を返すreturn文

組み込み関数のparseIntやIsNaNは「戻り値」を返す関数でした（48ページ参照）。自作の関数で戻り値を返したい場合は、return（リターン）文を書きます。

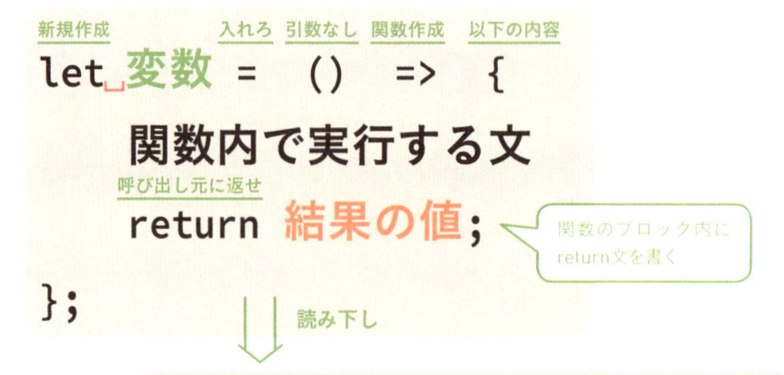

元の値に7%を上乗せする関数を定義する

経費の7%を手数料として上乗せし、その結果を求めて戻り値として返すaddCharge関数を定義します。

■chap4-4-1.js

```
1  let␣addCharge = ( bill ) => {
     新規作成 変数addCharge 入れろ 引数bill 関数作成 以下の内容
2      return␣bill * 1.07;
       呼び出し元に返せ 引数bill 掛ける 数値1.07
   };
   ブロック終了
3  console.log( addCharge( 40000 ) );
   コンソール 表示しろ 手数料を追加しろ 数値40000
```

return文の「結果の値」の部分には、引数billに1.07を掛ける式が書かれています。この式の結果がaddCharge関数の戻り値になります。

読み下し文

1 引数billを受けとる以下の内容の関数を作って、新規作成した変数addChargeに入れろ

2 { 引数billに数値1.07を掛けた結果を呼び出し元に返せ。 }。

3 数値40000を指定して手数料を追加した結果をコンソールに表示しろ。

実行結果は以下のようになります。引数40000を指定してaddCharge関数を呼び出したので、1.07を掛けた42800.0が表示されます。

```
};
console.log(addCharge(40000));
42800                                  VM1962:4
```

計算結果はreturn文で戻り値にしないとダメなんですか？ addCharge関数の中で「console.log(bill*1.07)」って表示しても結果は同じになると思うんですけど

確かにこのサンプルだと結果は同じだね。でも、戻り値にすれば関数同士の連携ができる。少しあとで、実際にやってみよう

NO 05

オブジェクトを使って複数のデータをまとめる

これまでに「宛先の名前」「請求額」「手数料」の3種類のデータが出て来たけど、これはセットにして記録したほうがいいね

そうですね。データをまとめるんだから配列を使えばいいんですか？

違う種類のデータをまとめるときは「オブジェクト」が便利だよ

オブジェクトの書き方と使い方

オブジェクトという言葉はChapter 1でもちょっと出てきました。JavaScriptではオブジェクトはいろいろな使い方ができます。ここでは複数のデータを記録する便利な容れ物として使う方法を説明します。

オブジェクトを書くには全体を{}（波カッコ）で囲み、その中にプロパティと値の組み合わせを:（コロン）で区切って書きます。

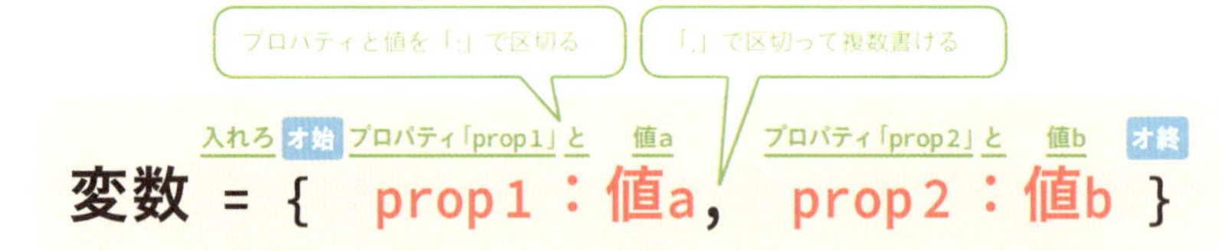

読み下し

オブジェクト｛プロパティ「prop1」と値a, プロパティ「prop2」と値b｝を変数に入れろ

オブジェクトから値を取り出す際は、「変数名.プロパティ」と書く方法と「変

数名['プロパティ']」と書く方法の2種類があります。データの容れ物として使う場合は、角カッコを使ったほうが便利です。

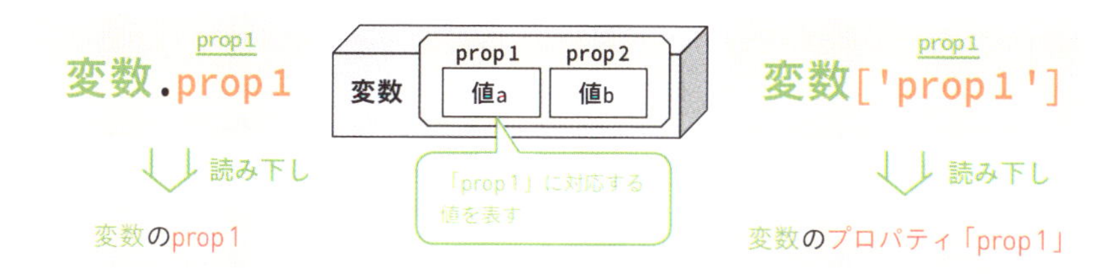

一人分のデータをオブジェクトに入れる

では実際にオブジェクトを作って内容を表示するプログラムを書いてみましょう。各データには「name」「bill」「crg」というプロパティを付けます。nameは受信者の名前、billは請求額です。crgはchargeの略で、手数料を乗せる必要があるときはtrue、不要な場合はfalseを指定します。

■chap4-5-1.js

```
1 let data = { name:'山本', bill:40000,
  crg:true };
2 console.log( data['name'] );
3 console.log( data['bill'] );
```

(ふりがな) 1: 新規作成 変数data 入れろ オ始 「name」と文字列「山本」 「bill」と数値40000 折り返し 「crg」と 真偽値true オ終 / 2: コンソール 表示しろ 変数data 文字列「name」 / 3: コンソール 表示しろ 変数data 文字列「bill」

※ふりがなの「プロパティ」を省いています。

読み下し文

1 オブジェクト{プロパティ「name」と文字列「山本」, プロパティ「bill」と数値40000, プロパティ「crg」と真偽値true}を変数dataに入れろ

2 変数dataのプロパティ「name」をコンソールに表示しろ

3 変数dataのプロパティ「bill」をコンソールに表示しろ

プログラムの実行結果は以下のようになります。プロパティ「name」の値である「山本」と、プロパティ「bill」の「40000」が表示されます。

```
console.log(data['bill']);
山本                                                    VM1989:3
40000                                                   VM1989:4
```

複数人のデータを配列にまとめる

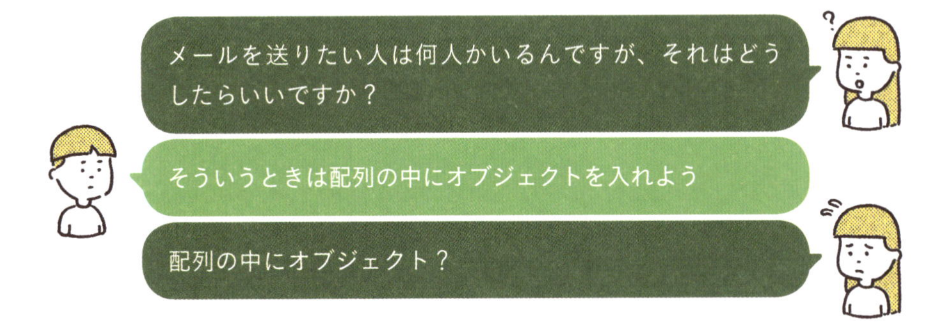

配列の角カッコの中に、オブジェクトの波カッコをカンマで区切って書くと、複数のオブジェクトをまとめた配列を作ることができます。

■chap4-5-2.js

```
新規作成 変数data 入れろ 配始
1 let␣data = [
オ始 「name」と 文字列「山本」 「bill」と数値40000 「crg」と 真偽値true オ終
{ name:'山本', bill:40000, crg:true },
オ始 「name」と 文字列「吉田」 「bill」と数値25000 「crg」と 真偽値false オ終
{ name:'吉田', bill:25000, crg:false }
配終
];
コンソール 表示しろ 変数data 数値1 文字列「name」
2 console.log( data[1]['name'] );
コンソール 表示しろ 変数data 数値1 文字列「bill」
3 console.log( data[1]['bill'] );
```

※ふりがなの「プロパティ」を省いています。

こうして作った配列内のオブジェクトから特定の値を取り出すには、変数[配列のインデックス][オブジェクトのプロパティ]という形で書きます。

読み下し文

1 **配列 [**

オブジェクト {プロパティ「name」と文字列「山本」, プロパティ「bill」と数値40000, プロパティ「crg」と真偽値true} ,

オブジェクト {プロパティ「name」と文字列「吉田」, プロパティ「bill」と数値25000, プロパティ「crg」と真偽値false}

] を、新規作成した変数dataに入れろ。

2 **変数dataの要素 1 のプロパティ「name」をコンソールに表示しろ。**

3 **変数dataの要素 1 のプロパティ「bill」をコンソールに表示しろ。**

プログラムの実行結果は以下のようになります。ここでは配列の要素 1 から、プロパティ「name」とプロパティ「bill」の値を表示しています。

```
console.log(data[1]['bill']);
吉田                                                VM2016:5
25000                                               VM2016:6
undefined
```

読み下してもわかりやすくないですね……

データが並んでるだけだからね。表のイメージで捉えてみたらいいんじゃないかな

あー、各行を{ }で囲んで、全体を[ ]で囲む感じですね

```
data = [
{name':'山本',bill:40000,crg:True},
{name':'吉田',bill:25000,crg:False}
]
```

	name	bill	crg
0	'山本'	40000	True
1	'吉田'	25000	False

要素 1 の「name」　要素 1 の「bill」

NO 06

関数を組み合わせて使ってみよう

ここまででcreateMail関数とaddCharge関数を作って、データをオブジェクトにまとめたよね

次は組み合わせて使うんですね。これで請求の仕事が一気にできます

お、話が早いね

複数の関数やデータを組み合わせて使うには

ここまでに作成してきた関数やデータを組み合わせ、複数人宛てのメールの定型文を自動作成してみましょう。

複数の関数やデータを組み合わせて使う一番単純な方法は、1つのファイルに関数定義、データ、関数呼び出しを書いてしまうことです。ただ、これはプログラムが長くなって全体が把握しにくくなる恐れがあります。

一般的には、何か基準を決めてファイルを複数に分割し、HTMLファイルに読み込んで利用します。また、ES2015ではよりスマートに別ファイルの関数を取り込めるimport文が追加されています。

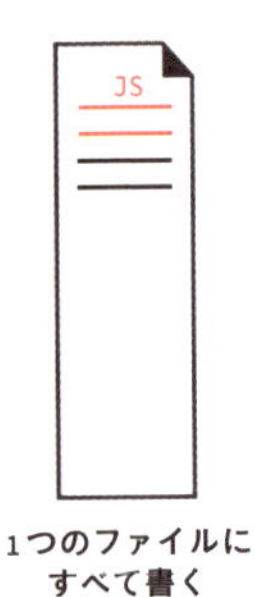

1つのファイルにすべて書く

分割して書いて
HTMLに読み込む

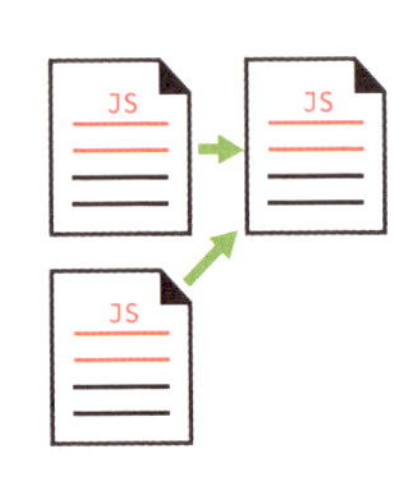

ES2015のインポート文

ただし、JavaScriptのプログラムをHTMLに読み込む方法は次のChapter 5で解説するので、これまで同様コンソールに貼り付ける方法で実行します。

まずはプログラム全体を確認しましょう。

■chap4-6-1.js（ふりがな抜き）

```
1  // メールを作る関数
2  let createMail = ( recv, bill ) => {
3     let msg = `${recv}様
4  PT企画の斉藤です。
5  今月の請求額は${bill}円です。`
6     console.log( msg )
7  };
8  // 手数料を追加する関数
9  let addCharge = ( bill ) => {
10    return bill * 1.07;
11 };
12
13 // 送付先データ
14 let data = [
15 { name:'山本', bill:40000, crg:true },
16 { name:'吉田', bill:25000, crg:false }
17 ];
18 // メール作成実行
19 for( let rec of data ) {
20    let bill = rec['bill']
21    if( rec['crg'] ) {
22       bill = addCharge(bill);
      }
23    createMail( rec['name'], bill );
   }
```

関数定義を貼り付ける（1〜11行目）

データを貼り付ける（13〜17行目）

新たに書く部分（18行目以降）

全部で23行もありますが、createMail関数とaddCharge関数、変数dataに入れた配列＆オブジェクトは、これまで入力してきたものとまったく同じです。chap4-3-1.js、chap4-4-1.js、chap4-5-2.jsからコピー&ペーストしてください。

「// (スラッシュ2つ)」から始まる行は、コメント文です。コメント文はプログラムの動作には影響しない文で、プログラムが長くなってきたら、どこが関数の定義なのかを示すために適度に入れることをおすすめします。

データの数だけ関数を呼び出す

19行目からの新規部分を入力してみましょう。for〜of文を使ってデータを取り出し、関数を呼び出しています。

■chap4-6-2.js

```
……の間 新規作成 変数rec 所属する 変数data 以下を繰り返せ
19 for( let rec of data ) {
新規作成 変数bill 入れろ 変数rec 文字列「bill」
20     let bill = rec['bill']
もしも 変数rec 文字列「crg」 真なら以下を実行せよ
21     if( rec['crg'] ) {
変数bill 入れろ 手数料を追加しろ 変数bill
22         bill = addCharge(bill);
ブロック終了
       }
メールを作れ 変数rec 文字列「name」 変数bill
23     createMail( rec['name'], bill );
ブロック終了
   }
```

for〜of文を使って配列から順番に要素（この場合はオブジェクト）を取り出し、プロパティ「bill」の値を変数billに入れます。このときプロパティ「crg」がtrueなら手数料を乗せる必要があるので、addCharge関数を呼び出して手数料込みの価格を求めます。最後にcreateMail関数を呼び出して文例を表示します。

読み下し文

19 **変数dataに所属する要素を、新規作成した変数recに順次入れる間 、以下を繰り返せ**

20 **{ 変数recのプロパティ「bill」を、新規作成した変数billに入れろ。**

21 **もしも変数recのプロパティ「bill」が真なら以下を実行せよ**

22 **{ 変数billを指定して手数料を追加し、変数billに入れろ。 }**

23 **変数recのプロパティ「name」と変数billを指定してメールを作成しろ。**

}

プログラムの実行結果は以下になります。配列に2つのデータが入っているので、2つの文例が表示されます。

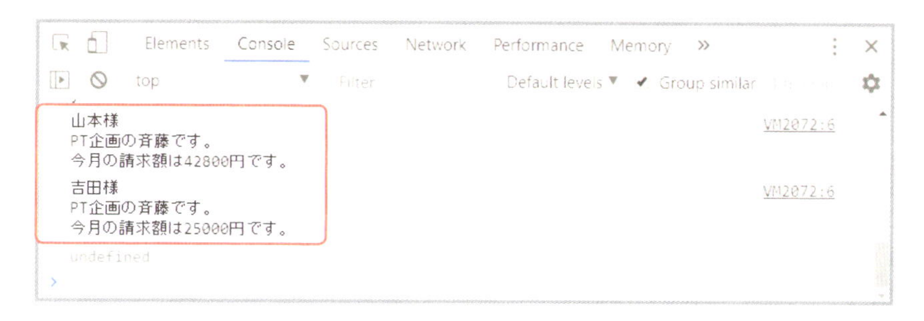

請求完了！　今日はもう帰りますー

エラーメッセージの話が残ってるよ……

NO 07

エラーメッセージを読み解こう④

「=>」と「>=」を間違える

関数を作るための「=> (アロー)」は比較演算子の「>= (以上)」と似ています。取り違えて書くとどうなるのでしょうか?

■エラーが発生しているプログラム

```
let addCharge = ( bill ) >= {
  return bill * 1.07;
};
```

■エラーメッセージ

捕捉不可能な　文法エラー:　予期しない　識別子

```
1 Uncaught SyntaxError: Unexpected identifier
```

読み下し文

1 **捕捉不可能な文法エラー:予期しない識別子**

「予期しない識別子」というシンタックスエラーが表示されます。識別子(identifier)は変数や関数、引数などの名前を指すので、この場合はbillを指しているようです。もちろん問題があるのは引数ではないので、この場合は「まったく意味がわからない」といわれているのに等しいですね。

「=>」は矢に似ているからアローと覚えよう

私はおでん「=()=>」に似ていると思いました

関数名を間違えている

シンプルながらよく起こしがちなミスに、関数の定義と呼び出しで名前が食い違っているというものがあります。

■エラーが発生しているプログラム

```
let addCharge = ( bill ) => {
  return bill * 1.07;
};
addChage(4000);
```

■エラーメッセージ

捕捉不可能な　参照エラー：　addChage

1 **Uncaught ReferenceError: addChage** 折り返し

されていない　定義

is not defined

読み下し文

1 **捕捉不可能な参照エラー：「addChage」は定義されていない**

「addChageは定義されていない」というリファレンスエラーが表示されます。引数の名前を間違えた場合も同様のエラーが表示されます。

そういえばメソッド名を間違えたときはタイプエラーでしたよね？

確かにね。うーん、そこはそういうものだと思ってもらうしかないかな

NO 08

復習ドリル

問題1：createMail関数の文面を変更する

次のプログラムを変更し、○○様のあとに「はじめまして。」と表示する関数に変更してください。読み下し文を参考にしてください。

■chap4-8-1.js

新規作成 / 変数createMail / 入れろ / 引数recv / 関数作成 / 以下の内容

```
1 let␣createMail = ( recv ) => {
```

コンソール / 表示しろ / 引数recv / 連結 / 文字列「様」

```
2     console.log( recv + '様' );
```

ブロック終了

```
  }
```

メールを作れ / 文字列「山本」

```
3 createMail( '山本' );
```

解答の読み下し文は以下のようになります。

読み下し文

1 引数recvを受けとる以下の内容の関数を作って、新規作成した変数createMailに入れろ

2 { 引数recvと文字列「様」を連結した結果をコンソールに表示しろ。

3 　文字列「はじめまして。」をコンソールに表示しろ。 }。

4 文字列「山本」を指定してメールを作れ。

問題2：請求額がマイナスのときは0を返す

addCharge関数に、請求額（引数bill）がマイナスのときは0を返す文を追加してください。読み下し文を参考にしてください。

■chap4-8-2.js

```
1  let addCharge = ( bill ) => {
2      return bill * 1.07;
   };
3  console.log( addCharge( -1000 ) );
```

（注釈：let＝新規作成、addCharge＝変数addCharge、=＝入れろ、bill＝引数bill、=>＝関数作成、{＝以下の内容、return＝呼び出し元に返せ、bill＝引数bill、*＝掛ける、1.07＝数値1.07、}＝ブロック終了、console＝コンソール、log＝表示しろ、addCharge＝手数料を追加しろ、-1000＝数値-1000）

解答の読み下し文は以下のようになります。

読み下し文

1 引数billを受けとる以下の内容の関数を作って、新規作成した変数addChargeに入れろ

2 { もしも「引数billが数値0より小さい」が真ならば以下を実行しろ

3 { 数値0を呼び出し元に返せ。 }

4 引数billに数値1.07を掛けた結果を呼び出し元に返せ。 }。

5 数値-1000を指定して手数料を追加した結果をコンソールに表示しろ。

return文は関数から脱出する

関数内でreturn文が実行されると、その時点で関数から脱出して呼び出し元に戻ります。その場合、return文よりあとに書かれたブロック内の文は実行されません。この性質を利用して、関数のブロック内の先頭で引数をチェックして問題があるときにreturn文で脱出してしまえば、それ以降の処理を実行せずに済みます。

解答1　解答例は次のとおりです。

■chap4-8-1.js

```
新規作成　変数createMail　入れろ　引数recv　関数作成　以下の内容
1 let␣createMail = ( recv ) => {
    コンソール　表示しろ　引数recv　連結　文字列「様」
2     console.log( recv + '様' );
    コンソール　表示しろ　文字列「はじめまして。」
3     console.log( 'はじめまして。' );
ブロック終了
  }
  メールを作れ　文字列「山本」
4 createMail( '山本' );
```

解答2　解答例は次のとおりです。

■chap4-8-2.js

```
新規作成　変数addCharge　入れろ　引数bill　関数作成　以下の内容
1 let␣addCharge = ( bill ) => {
    もしも　引数bill　小さい　数値0　真なら以下を実行しろ
2     if( bill < 0 ) {
        呼び出し元に返せ　数値0
3         return␣0;
    ブロック終了
      }
    呼び出し元に返せ　引数bill　掛ける　数値1.07
4     return␣bill * 1.07;
ブロック終了
  };
  コンソール　表示しろ　手数料を追加しろ　数値-1000
5 console.log( addCharge( -1000 ) );
```

JavaScript
HIRAGANA PROGRAMING

Chapter 

Webページに組み込もう

NO 01

JavaScriptでWebページを操作するには？

いよいよWebページの操作ですね。楽しみです

それにはHTMLっていう言語の知識も必要になってくるよ

HTMLですか？　それもプログラミング言語ですか？

マークアップ言語の一種なんだ。JavaScriptを使う場合も、HTMLの知識はいくらか必要だよ

WebページとHTML

Webページに表示する文字やリンクなどは、**HTML（Hyper Text Markup Language）というマークアップ言語**で書かれます。マークアップ言語は、プログラミング言語ではなく、文書のどこが見出しでどこが本文かを示すものです。<タグ>という記号をテキストのところどころに挿入します。

WebブラウザがHTMLを読み込むと、レンダリングエンジンという機能が解釈してWebページを表示します。Webページの中の各部品を**要素（Element）といい、この要素をJavaScriptで操作します**。

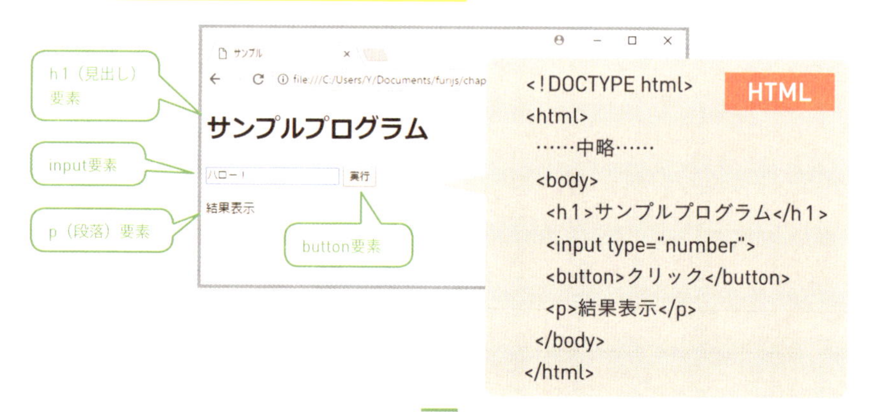


```
<!DOCTYPE html>
<html>
 ……中略……
 <body>
  <h1>サンプルプログラム</h1>
  <input type="number">
  <button>クリック</button>
  <p>結果表示</p>
 </body>
</html>
```

オブジェクトを利用してHTMLを操作する

Chapter 1では、簡単にですがオブジェクトについて説明しました。オブジェクトはJavaScriptで操作可能な「何か」を表すものです。Webブラウザのウィンドウを表すWindowオブジェクトがあるのと同様に、HTMLがレンダリングされたものを表すのがDocumentオブジェクトです。このDocumentオブジェクトから、Webページの各要素を表すElementオブジェクトにアクセスできます。

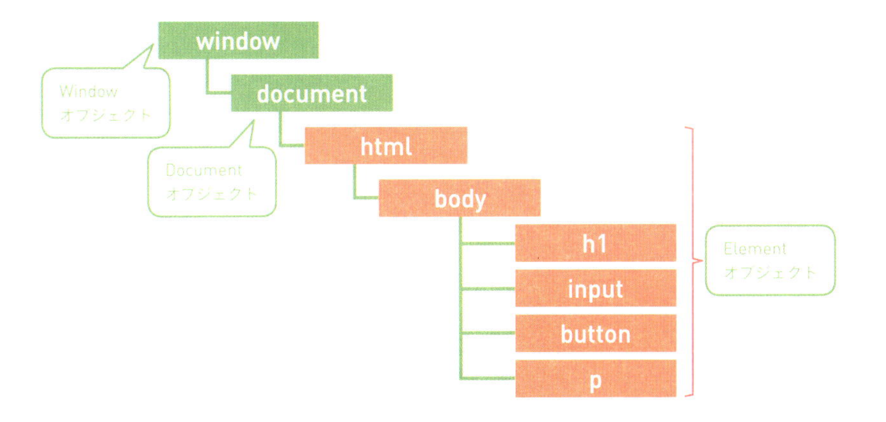

Elementオブジェクトを追加、削除したり、Elementオブジェクトが持つ情報を変更したりすることで、JavaScriptでWebページを操作できます。このようにオブジェクトを使ってHTMLを操作する仕組みをDOM（Document Object Model、ドム）と呼びます。

DOMを利用すると、Webページに対するユーザーの操作を取得したり、Webページの内容を書き替えて結果を表示したりできるようになります。よりWebアプリらしいものが作れるようになるのです。

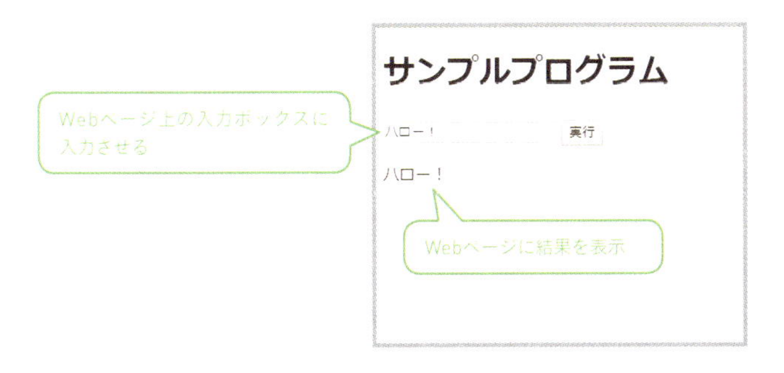

Chap. 5 Webページに組み込もう

NO 02 HTMLを書いてみよう

HTML、そんなに難しくないといいんですが……

大丈夫。タグの書き方さえ覚えればいいから、JavaScriptより覚えやすいよ

タグの書き方を覚えよう

HTMLでは、文章の中に「タグ」を書き込むことで、**その部分がどういう意味を持つのか**を示します。「タグ」は半角の「<（小なり）」と「>（大なり）」で囲む形式になっており、内容を開始タグと終了タグで囲んだものと、開始タグだけで完結する単独タグ（空タグ）の2種類があります。

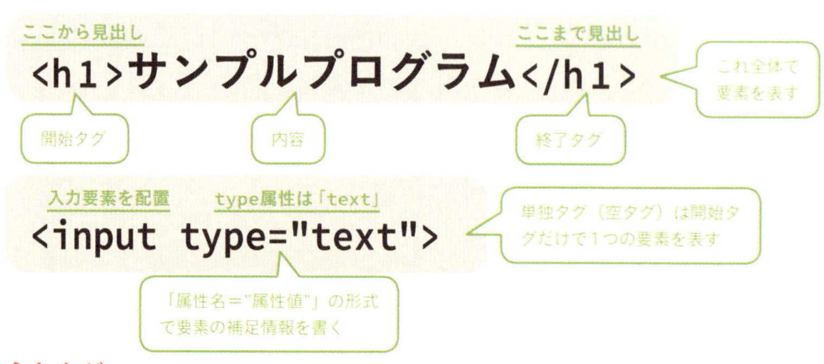

主なタグ

タグ	表す意味
h1〜h6	見出し（heading）タグ
p	段落（Paragraph）タグ
input	フォームの入力部品を表すタグ
button	ボタンを表すタグ
img	画像を表すタグ

HTMLファイルを作成する

Atomのスニペットという機能を使うと、簡単にHTMLの基本形を自動挿入することができます。まずは試しに作ってみましょう。スニペット機能はファイルの拡張子を見てそれに合わせた候補を表示するので、内容を入力する前に「.html」という拡張子付きでファイルを保存します。

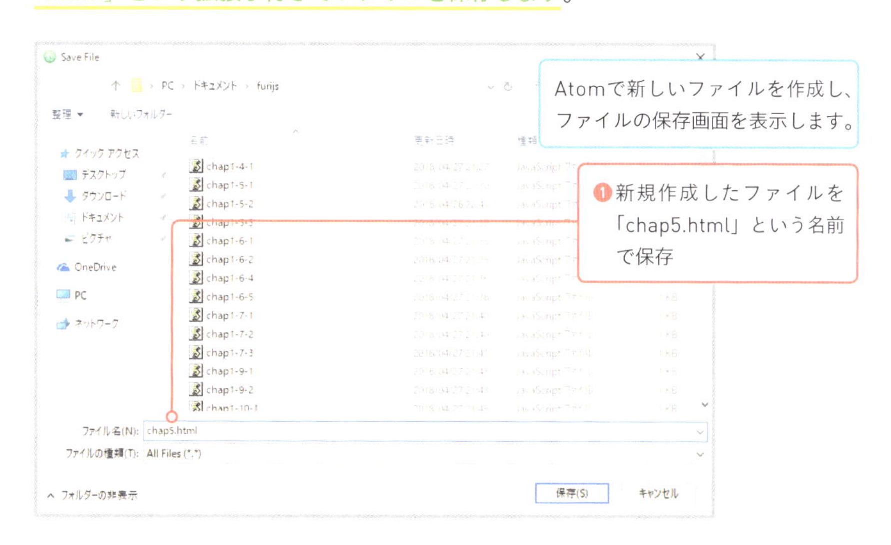

HTMLの基本形

自動挿入されたHTMLの基本形にもふりがなを振ってみましょう。ほとんどは「要素の開始」と「要素の終了」を表すだけなので、読み下し文は省きます。

■chap5.html

最初の「!DOCTYPE」の部分はHTMLの種類を表しています。タグが入れ子になっており、html要素の中にhead要素とbody要素が入った構造になっています。head要素内には文字コードなどのWebページの情報を書き、Webページ上に表示したい内容はbody要素のタグの間に書きます。

それではHTMLの内容を次のように変更してください。12行目のscript要素が「chap5.js」というJavaScriptのプログラムファイルを読み込む指示です。このプログラムファイルをこれから作成していきます。

■chap5.html

```
1  <!DOCTYPE html>
2  <html lang="ja" dir="ltr">
3    <head>
4      <meta charset="utf-8">
5      <title>サンプル</title>
6    </head>
7    <body>
8      <h1>サンプルプログラム</h1>
9      <input type="text">
10     <button>実行</button>
11     <p>結果表示</p>
12     <script src="chap5.js"></script>
13   </body>
14 </html>
```

- 1: 文書のタイプ宣言／HTML（HTML5以降）
- 2: ここからhtml要素／利用言語は「ja（日本語）」／表示方向「左から右」― enからjaに修正
- 3: ここからhead要素
- 4: メタ要素／文字コードは「utf-8」
- 5: ここからページタイトル／ここまでページタイトル ― ページタイトルを指定
- 6: ここまでhead要素
- 7: ここからbody要素
- 8: ここから見出し／ここまで見出し ― 見出し
- 9: 入力要素を配置／type属性は「text」― テキスト入力ボックス
- 10: ここからボタン／ここまでボタン ― ボタン
- 11: ここから段落／ここまで段落 ― 段落
- 12: ここからスクリプト／src属性は「chap5.js」／ここまでスクリプト
- 13: ここまでbody要素
- 14: ここまでhtml要素

NO 03

Webページの文字を変更する

JavaScriptを使ってWebページの内容を書き替えてみよう

最初の一歩ですね

HTMLファイルをWebブラウザで開く

まずはJavaScriptを実行していない状態を確認するために、先ほど作成したchap5.htmlをChromeにドラッグ&ドロップして開きましょう。

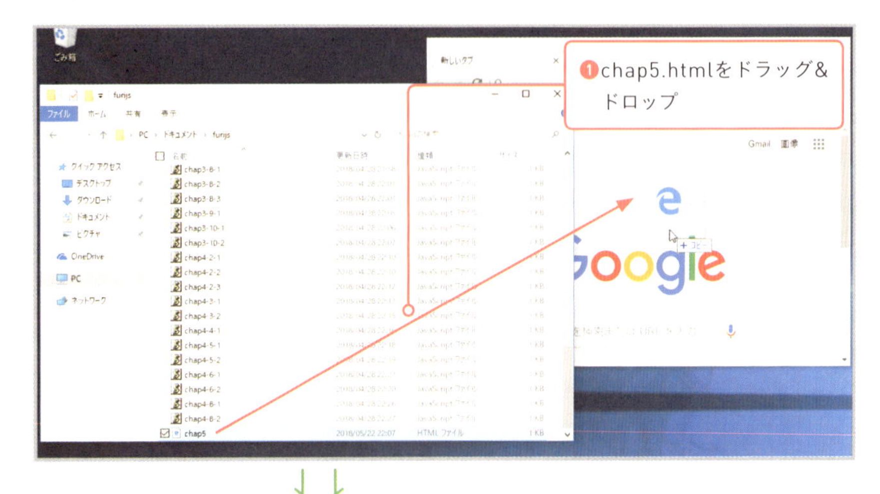

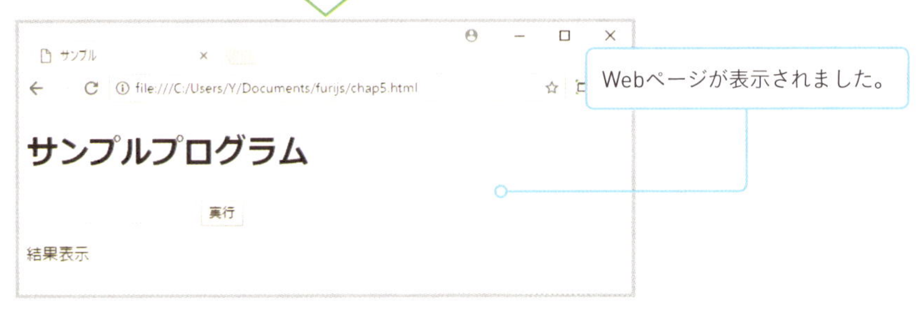

HTMLの要素を選ぶ

HTMLを操作するには、まず対象となる要素を選び出さなければいけません。そのために使うのがDocumentオブジェクトのquerySelector（クエリーセレクタ）メソッドです。セレクタとは、要素を選び出すときの「指示」になる文字列のことです。p要素を選びたければ「'p'」、h1要素を選びたければ「'h1'」と指定します。

新規作成　入れろ　documentプロパティ　セレクタで問い合わせろ

```
let 変数 = document.querySelector('文字列');
```

文字列をセレクタとしてドキュメントに問い合わせ、
見つけた要素を、新規作成した変数に入れろ

Documentオブジェクトは Windowオブジェクトのdocumentプロパティに入っているので、正式には「window.document.querySelector()」と書かなければいけません。しかし「window.」は省略可能なので（51ページ参照）、「document.querySelector()」と書けます。

querySelectorメソッドは見つけた要素のElementオブジェクトを返してきます。それはあとで使うときのために変数に入れておきます。

innerTextで要素の中のテキストにアクセスする

目的の要素を表すElementオブジェクトが取得できれば、あとはそれが持つメソッドやプロパティを使って操作可能になります。要素の中のテキストはinnerTextプロパティから利用できます。プロパティは変数のようなものなので、中に代入したり、他のメソッドの引数にしたりすることができます。

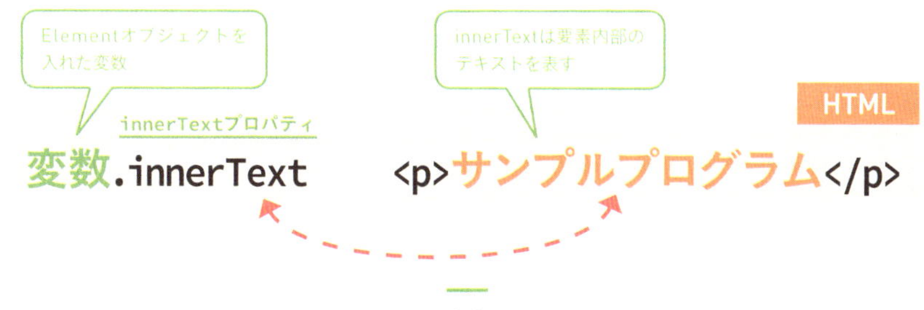

JavaScriptのプログラムを入力する

Atomで新規ファイルを作成し、次の内容を入力して「chap5.js」という名前で保存します。必ず「chap5.html」と同じフォルダ内に保存してください。

■chap5.js

新規作成　変数elem　入れろ　documentプロパティ　セレクタで問い合わせろ　文字列「p」

```
let elem = document.querySelector('p');
```

変数elem　innerTextプロパティ　入れろ　文字列「JavaScriptで書く」

```
elem.innerText = 'JavaScriptで書く';
```

読み下し文

文字列「p」をセレクタとしてドキュメントに問い合わせ、見つけた要素を、新規作成した変数elemに入れろ。

文字列「JavaScriptで書く」を、変数elemのinnerTextプロパティに入れろ。

ここではp要素を探し出して変数elemに入れ、innerTextプロパティに「JavaScriptで書く」という文字列を代入しています。

プログラムを実行してみましょう。先ほどchap5.htmlをWebブラウザに表示しておいたので、これを再読み込みします。すると、script要素の働きでchap5.jsが読み込まれ、それが実行されます。

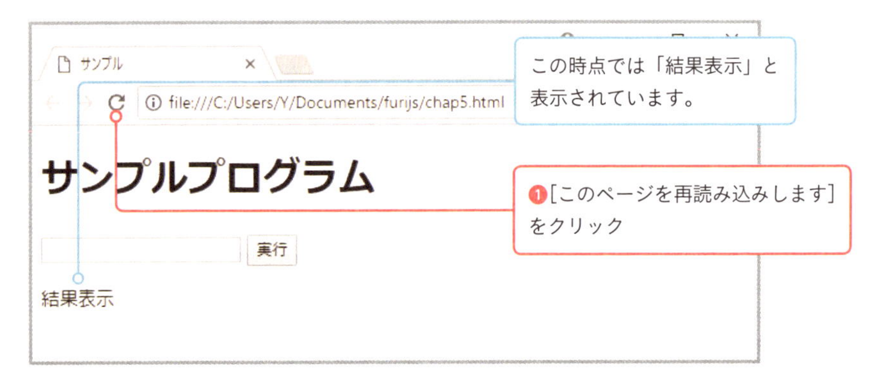

Webページのテキストを変更したいなら、HTMLを直接書き替えちゃえばいいんじゃないですか？

決まった文字列を変更するだけならそれでいいけど、例えば何かJavaScriptで計算させて、その結果を表示したりすることもできるわけだよ

console.logメソッドで結果を表示する代わりに使えるってことですか？

そういうこと！

エラーはコンソールに表示される

プログラムは間違っていないはずなのに動かない。そんなときはコンソールを表示してみましょう。エラーが発生していればそこに表示されています。

NO 04

入力ボックスから データを受けとる

Webページの入力ボックスは何かを入力するために使うんですよね？

そのとおり！　これまではpromptメソッドで入力させてきたけど、ここでは入力ボックスから取得するよ

input要素とvalueプロパティ

ユーザーに何かを入力させるための部品を表示したいときは、input要素を配置します。type属性で種類を切り替えることができます。よく使われるのが1行の文字を入力する「text」です。他にパスワードボックス（type="password"）やチェックボックス（type="checkbox"）、ラジオボタン（type="radio"）などがあります。

入力ボックスにユーザーが入力した値（文字列）をJavaScriptで利用するには、Elementオブジェクトのvalueプロパティを利用します。

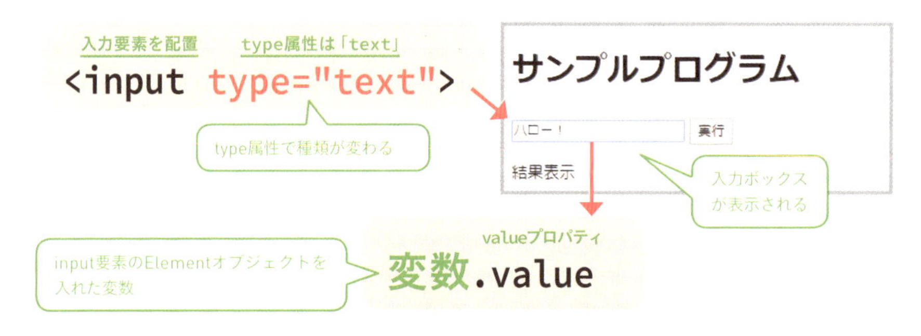

chap5.htmlに配置済みの入力ボックスを使って値を取得してみよう

入力ボックスに入力した値を表示する

input要素をJavaScriptで利用するには、まずそのElementオブジェクトを取得しなければいけません。querySelectorメソッドでinput要素を取得し、変数iptに代入します。そして、valueプロパティで入力ボックスの値を取得し、p要素のinnerTextプロパティに代入します。

■chap5.js

```
1 let ipt = document.querySelector ('input');
2 let elem = document.querySelector('p');
3 elem.innerText = ipt.value;
```

1: 新規作成 変数ipt 入れろ documentプロパティ セレクタで問い合わせろ 文字列「input」
2: 新規作成 変数elem 入れろ documentプロパティ セレクタで問い合わせろ 文字列「p」
3: 変数elem innerTextプロパティ 入れろ 変数ipt valueプロパティ

読み下し文

1. 文字列「input」をセレクタとしてドキュメントに問い合わせ、見つけた要素を、新規作成した変数iptに入れろ。
2. 文字列「p」をセレクタとしてドキュメントに問い合わせ、見つけた要素を、新規作成した変数elemに入れろ。
3. 変数iptのvalueプロパティを、変数elemのinnerTextプロパティに入れろ。

Chap. 5 Webページに組み込もう

あれ？　入力したらp要素のところに表示されるはずなんですが……。p要素の「実行結果」って文字まで消えちゃってます！

実はこれじゃ無理なんだ。プログラムが実行される順番を考えてみよう

JavaScriptのプログラムはWebブラウザに読み込まれた瞬間に実行されます。実行した時点ではinput要素には何も入力されていません。何も入力されていないinput要素から値を取得してp要素のテキストにしたため、「実行結果」も消えてしまいます。ようするに、ユーザーが入力したあとでプログラムが実行されるようにしなければいけないのです。

ユーザーの操作に反応するイベント

これどうしたらいいんでしょう？

イベントを使って、ユーザーが入力したあとでプログラムが動くようにしたらいいんだよ

ユーザーが何かをしたタイミングでプログラムを実行するには、「イベント」という仕組みを利用します。イベントはWebページ上に置かれたボタンが押された場合などに発生します。イベント発生を受けて何かをするようにプログラムすれば、ユーザーの操作に反応するプログラムを作ることができます。

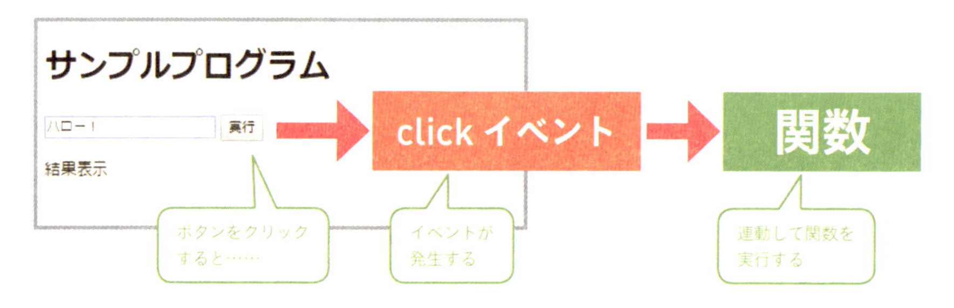

イベントとそれに対応する関数を結びつけるには、ElementオブジェクトのaddEventListener（アッドイベントリスナー）メソッドを利用します。イベントリスナーとは「イベントを聞く者」という意味です。1つ目の引数で「click」などのイベントタイプを指定し、要素がクリックされたときに2つ目の引数に指定した関数が呼び出されるようにします。

イベントリスナーを追加　イベントタイプ　関数オブジェクト

```
変数.addEventListner( 'click', 関数 );
```

Elementオブジェクトを入れた変数

変数に対し、関数をイベントタイプ「click」のイベントリスナーとして追加せよ。

関数を指定する方法ですが、2つ目の引数の部分に、関数を定義するアローとブロックを書いてしまいます。ちょっと不思議な書き方なので、はじめて見たときはびっくりするかもしれません。

イベントリスナーを追加　イベントタイプ　引数なし　関数作成　以下の内容

```
変数.addEventListner( 'click', () => {
    関数内の処理
} );
```

2つ目の引数に()=>{}を書く

ブロック終了

関数定義のブロックのあとにメソッドの「)」と文末の「;」が来る

こんな書き方ありなんですか？

Chapter 4ではアローで作った関数を変数に入れていたよね。変数に入れられるんだから引数にすることだってできるんだよ

引数に指定する無名関数

addEventListenerメソッドの引数にした関数には名前がありません。このような関数を無名関数や匿名関数と呼びます。

イベントリスナーを設定する

input要素に文字が入力されたときに発生するイベントもあるのですが、今回はbutton要素がクリックされたときに発生するイベントを利用します。button要素は名前のとおりボタンを作成する要素です。

「button」を手がかりにquerySelectorメソッドでbutton要素のElementオブジェクトを取得し、addEventListenerメソッドでイベントリスナーを追加します。そして、関数定義のブロック内にinput要素の値をp要素のテキストとして設定する処理を書きます。

chap5.js

```
新規作成 変数ipt 入れろ documentプロパティ セレクタで問い合わせろ
1 let ipt = document.querySelector 折り返し
文字列「input」
('input');
新規作成 変数btn 入れろ documentプロパティ セレクタで問い合わせろ
2 let btn = document.querySelector 折り返し
文字列「button」
('button');
新規作成 変数elem 入れろ documentプロパティ セレクタで問い合わせろ 文字列「p」
3 let elem = document.querySelector('p');
変数btn イベントリスナーを追加 文字列「click」 引数なし 関数作成 以下の内容
4 btn.addEventListener('click', () => {
変数elem innerTextプロパティ 入れろ 変数ipt valueプロパティ
5   elem.innerText = ipt.value;
ブロック終了
} );
```

要素を取得する文が3回続いて、そのあとにイベントリスナーを追加するんですね

読み下し文

1 文字列「input」をセレクタとしてドキュメントに問い合わせ、見つけた要素を、新規作成した変数iptに入れろ。

2 文字列「button」をセレクタとしてドキュメントに問い合わせ、見つけた要素を、新規作成した変数btnに入れろ。

3 文字列「p」をセレクタとしてドキュメントに問い合わせ、見つけた要素を、新規作成した変数elemに入れろ。

4 変数btnに対し、以下の内容の関数を作成して、イベントタイプ「click」のイベントリスナーとして追加せよ

5 { 変数iptのvalueプロパティを、変数elemのinnerTextプロパティに入れろ。}。

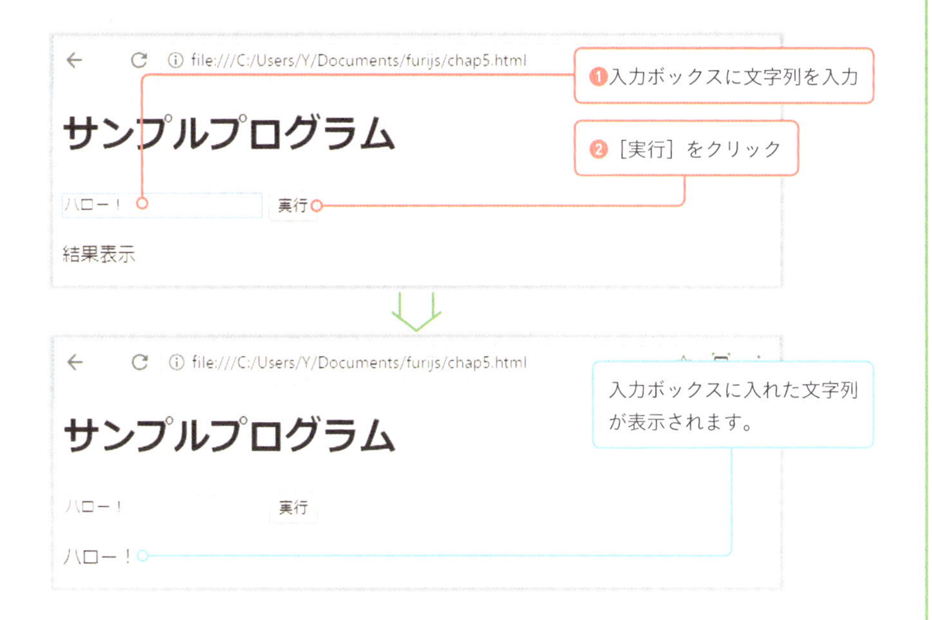

他の文はプログラムを実行したらすぐに実行されるけど、5行目の文だけはあとで実行されるんですね

メソッドの引数に関数を指定することを「コールバック」っていうんだよ。「用があるときはここを呼び出してね」と連絡先の番号を教えておくイメージだね

NO 05 テキスト置換マシンを作る

最後のまとめとして、文章の一部を置換するプログラムを作ってみよう。名付けて「テキスト置換マシン」だ

何ですかそれ？

まぁ、お遊びのプログラムだけど、工夫次第で実用アプリにもできると思うよ

テキスト置換マシンとは？

置換マシンは、テキストエリアに入力した文章の一部を検索置換できるプログラムです。

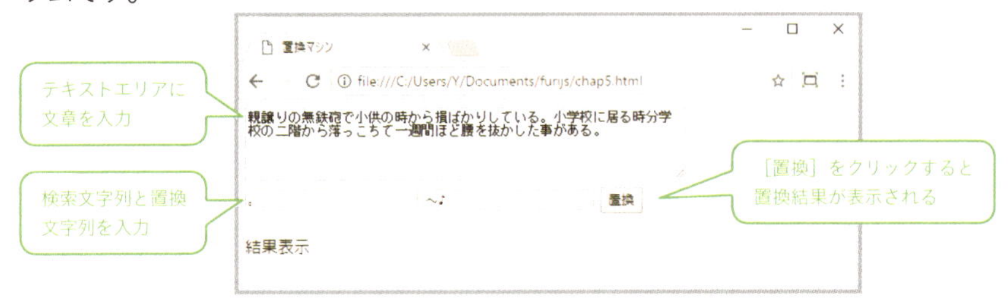

テキストエリアとは複数行の入力ボックスのことで、input要素ではなくtextarea要素を利用して作ります。終了タグを持ち、属性で文字数と行数を指定できます。

ここからテキストエリア　字数60　行数5

```
<textarea cols="60" rows="5">親譲りの無鉄砲で小供の時から損ばかりしている。</textarea>
```

ここまでテキストエリア

タグの間に書いたテキストは、未入力時の初期値になる

HTMLを入力する

まず新たに「chap5-rep.html」という名前のHTMLファイルを作成してください。html要素のlang属性をjaにし、title要素に「置換マシン」というページタイトルを指定します。他は初期設定のままです。

■chap5-rep.html

```
<!DOCTYPE html>
<html lang="ja" dir="ltr">
  <head>
    <meta charset="utf-8">
    <title>置換マシン</title>
  </head>
  <body>
  </body>
</html>
```

- 1行目：文書のタイプ宣言（<!DOCTYPE）、HTML（HTML5以降）（html）
- 2行目：ここからhtml要素（<html）、利用言語は「en（英語）」（lang="ja"）、表示方向「左から右」（dir="ltr"）
- 3行目：ここからhead要素
- 4行目：メタ要素（<meta）、文字コードは「utf-8」（charset="utf-8"）
- 5行目：ここからページタイトル（<title>）、ここまでページタイトル（</title>）
- 6行目：ここまでhead要素
- 7行目：ここからbody要素
- 8行目：ここまでbody要素
- 9行目：ここまでhtml要素

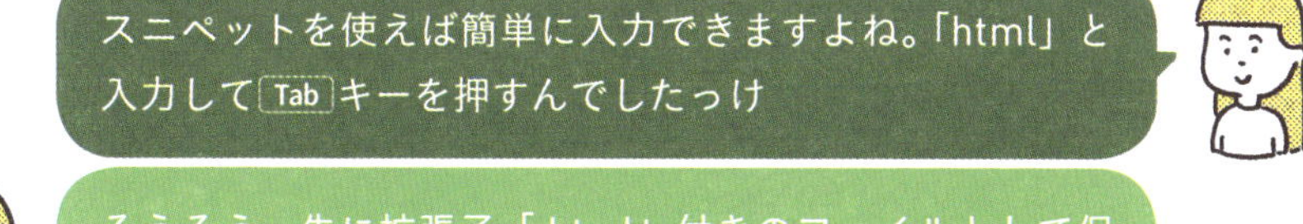

そうそう。先に拡張子「.html」付きのファイルとして保存することを忘れずにね

body要素の間に、textarea要素などを入力していきます。初期値の文章は好きなものに変えてもかまいません。

■chap5-rep.html（7行目から）

```
   ここからbody要素
7  <body>
     ここからテキストエリア　文字数60　行数5
8    <textarea cols="60" rows="5">親譲りの
無鉄砲で小供の時から損ばかりしている。小
学校に居る時分学校の二階から落っこちて一
                                    ここまでテキストエリア
週間ほど腰を抜かした事がある。</textarea>
     入力要素を配置　type属性は「text」　id属性は「findtxt」
9    <input type="text" id="findtxt">
     入力要素を配置　type属性は「text」　id属性は「reptxt」
10   <input type="text" id="reptxt">
     ここからボタン　ここまでボタン
11   <button>置換</button>
     ここから段落　ここまで段落
12   <p>結果表示</p>
     ここからスクリプト　src属性は「chap5-rep.js」　ここまでスクリプト
13   <script src="chap5-rep.js"></script>
   ここまでbody要素
14 </body>
```

このHTMLファイルにはinput要素が2つあるので、これらを区別しなければいけません。そのために付けているのがid属性です。「findtxt」と「reptxt」というid属性で、検索文字列ボックスと置換文字列ボックスを区別します。id属性の名前はquerySelectorメソッドで要素を探すときの手がかりになります。

JavaScriptを入力する

「chap5-rep.js」という名前のJavaScriptファイルを作成し、「chap5-rep.html」と同じフォルダに保存します。保存場所やファイル名を間違えると動かないので注意してください。

まずはElementオブジェクトをひととおり取得するところまでを書きましょう。querySelectorメソッドを使って5つの要素を探し、5つの変数に入れます。紙面では折り返しが多いですが、ほとんど同じ文の繰り返しです。

■ chap5-rep.js

```
新規作成 変数tarea 入れろ documentプロパティ セレクタで問い合わせろ
1 let tarea = document.querySelector 折り返し
  文字列「textarea」
('textarea');
新規作成 変数findipt 入れろ documentプロパティ セレクタで問い合わせろ
2 let findipt = document.querySelector 折り返し
  文字列「#findtxt」
('#findtxt');
新規作成 変数repipt 入れろ documentプロパティ セレクタで問い合わせろ
3 let repipt = document.querySelector 折り返し
  文字列「#reptxt」
('#reptxt');
新規作成 変数btn 入れろ documentプロパティ セレクタで問い合わせろ
4 let btn = document.querySelector 折り返し
  文字列「button」
('button');
新規作成 変数elem 入れろ documentプロパティ セレクタで問い合わせろ 文字列「p」
5 let elem = document.querySelector('p');
```

querySelectorメソッドでid属性を手がかりに探す場合は、名前の前に「#（シャープ）」を付けます。

読み下し文

1 **文字列「textarea」をセレクタとしてドキュメントに問い合わせ、見つけた要素を、新規作成した変数tareaに入れろ。**

2 **文字列「#findtxt」をセレクタとしてドキュメントに問い合わせ、見つけた要素を、新規作成した変数findiptに入れろ。**

3 **文字列「#reptxt」をセレクタとしてドキュメントに問い合わせ、見つけた要素を、新規作成した変数repiptに入れろ。**

4 **文字列「button」をセレクタとしてドキュメントに問い合わせ、見つけた要素を、新規作成した変数btnに入れろ。**

5 **文字列「p」をセレクタとしてドキュメントに問い合わせ、見つけた要素を、新規作成した変数elemに入れろ。**

この段階でプログラムを実行すると、HTMLの各要素が変数に入った状態になります。これで変数を通してさまざまな操作が可能になります。

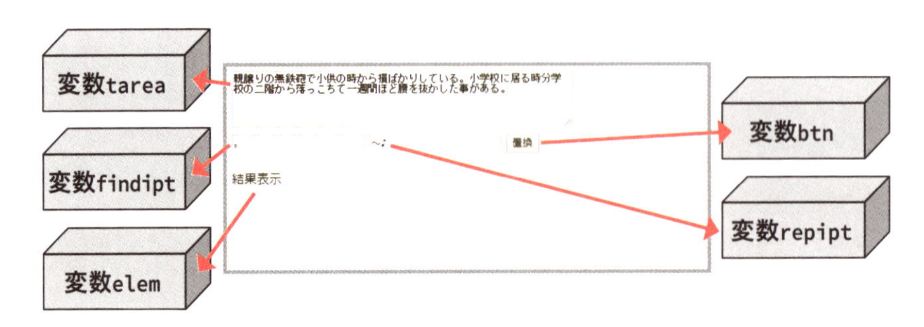

文字列を置換する

続いてイベントリスナーを追加して、文字列を置換する機能を書いていきましょう。JavaScriptには、文字列を置換するためのreplace（リプレース）メソッドが用意されています。ただしこのメソッドは、検索文字列に通常の文字列を指定すると、最初に見つかったものしか置換してくれません。見つかったものすべてを置換するには、検索文字列に「正規表現オブジェクト」を指定する必要があります。

正規表現（regular expression）は、数値に一致する記号や、アルファベットに一致する記号などを組み合わせたもので、1つのパターン文字列で複数の文字列を検索することができます。

正規表現って具体的にどういうときに使うんですか？

Webページだと、ユーザーが入力した文字列が「メールアドレスかどうか」をチェックする場合とかだね

「英数字の組み合わせ＋@＋英数字の組み合わせ」みたいな感じですか？

だいたいそんな感じ。「ドット」も含めないといけないけど

JavaScriptでは、正規表現を表すRegExpオブジェクトを使います。正規表現を利用するにはその書き方を覚えないといけないのですが、今回は単に同じ文字列を複数検索したいだけなので、RegExpオブジェクトを作るRegExp関数に、検索文字列と「g」という引数を指定します。

RegExp関数の前にはnew演算子を書きます。これは「オブジェクトを作れ」という意味のおまじないです。

出現する文字すべてを検索しろという意味

作れ　RegExpオブジェクト

```
new RegExp( '検索文字列', 'g')
```

正規表現オブジェクトを
replaceメソッドに渡す

置換しろ

```
文字列.replace( 検索文字列, 置換文字列 );
```

正規表現のリテラル

正規表現のパターン文字列は、「/（スラッシュ）」で囲んで書くこともできます。これを正規表現リテラル（直定数。プログラムに直接書いたデータのこと）と呼びます。

```
文字列.replace(/検索文字列/g, '置換文字列');
```

6行目以降でイベントリスナーを追加します。まず、検索文字列ボックス、置換文字列ボックス、テキストエリアから、valueプロパティで値を取り出して変数に入れます。

検索文字列はRegExp関数に渡してRegExpオブジェクトを作成します。そして、replaceメソッドを呼び出して置換を実行し、innerTextプロパティに代入して結果を表示します。

■ chap5-rep.js（6行目以降）

変数btn　イベントリスナーを追加　文字列「click」　引数なし　関数作成　以下の内容

```
6  btn.addEventListener('click', ()=>{
```

新規作成　変数findtxt　入れろ　変数findipt　valueプロパティ

```
7      let findtxt = findipt.value;
```

新規作成　変数reptxt　入れろ　変数repipt　valueプロパティ

```
8      let reptxt = repipt.value;
```

新規作成　変数tagtxt　入れろ　変数tarea　valueプロパティ

```
9      let tagtxt = tarea.value;
```

変数findtxt　入れろ　作れ　RegExpオブジェクト　変数findtxt　文字列「g」

```
10     findtxt = new RegExp(findtxt, 'g');
```

変数tagtxt　入れろ　変数tagtxt　置換せよ　変数findtxt　折り返し　変数reptxt

```
11     tagtxt = tagtxt.replace(findtxt,
       reptxt);
```

変数elem　innerTextプロパティ　入れろ　変数tagtxt

```
12     elem.innerText = tagtxt;
```

ブロック終了

```
}   );
```

もっと短く書くこともできるんだけど、ちょっと複雑だから、細かい文に分けて書いてみたよ

確かに1つ1つの文がやってることは単純な気がします

読み下し文

6 変数btnに対し、以下の内容の関数を作成して、イベントタイプ「click」のイベントリスナーとして追加せよ

7 { 変数findiptのvalueプロパティを、新規作成した変数findtxtに入れろ。

8 変数repiptのvalueプロパティを、新規作成した変数reptxtに入れろ。

9 変数tareaのvalueプロパティを、新規作成した変数tagtxtに入れろ。

10 変数findtxtと文字列「g」を指定してRegExpオブジェクトを作り、変数findtxtに入れろ。

11 変数tagtxtに対し、変数findtxtと変数reptxtを指定して置換処理を行い、その結果を変数tagtxtに入れろ。

12 変数tagtxtを変数elemのinnerTextプロパティに入れろ。

}。

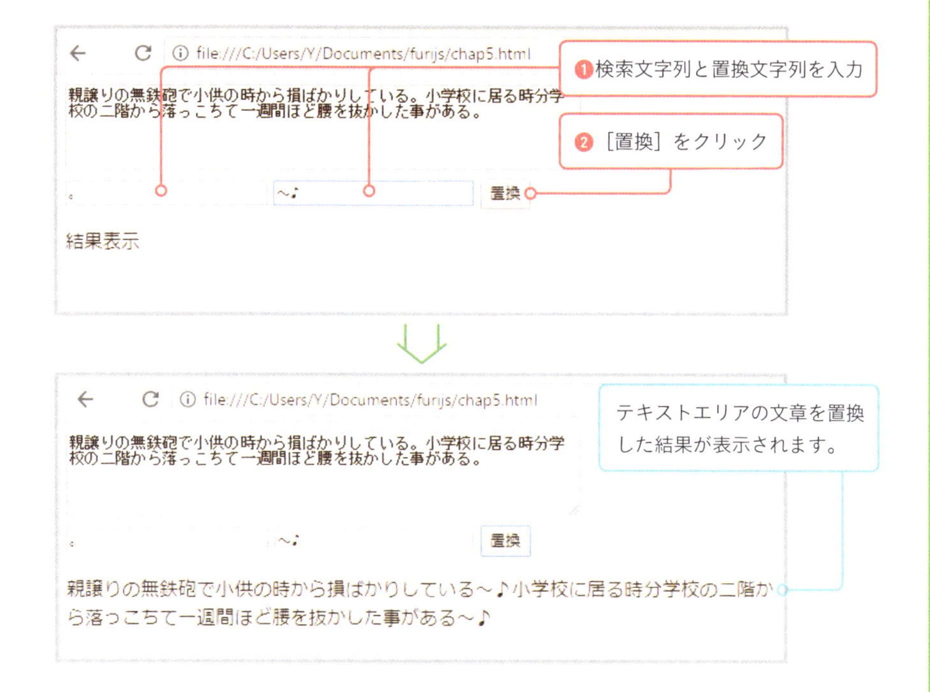

ゆるい感じになりましたね～♪

NO 06

エラーメッセージを読み解こう⑤

querySelectorメソッドが要素を見つけられなかった場合

qurerySelectorメソッドが要素を見つけられなかった場合、null（ヌル）という特殊な値を返します。nullはオブジェクトが存在しないことを表しています。nullにはElementオブジェクトが持つプロパティやメソッドがないので、それ以降の処理でエラーが発生します。

■エラーが発生しているプログラム

```
let elem = document.querySelector('p');
elem.innerText = 'Hello';
```

■エラーメッセージ

```
1 Uncaught TypeError: Cannot set 折り返し
  property 'innerText' of null
```

Uncaught：捕捉不可能な　TypeError:：型エラー：　Cannot：できない　set：設定　property：プロパティ　'innerText'：「innerText」　of：の　null：null

読み下し文

```
1 捕捉不可能な型エラー：nullの「innerText」プロパティは設定できない
```

型を間違えてプロパティに値を代入した場合

JavaScriptではオブジェクトにプロパティを追加できます。そのため、文字列に対してinnerTextプロパティを設定してもエラーにならず、そのまま動いてしまいます。原因がわかりにくい困ったエラーです。

■エラーは起きないが問題があるプログラム

```
let text = 'abcdefg';
text.innerText = 'あいうえお';
```

型を間違えてメソッドを呼び出した場合

型を間違えてメソッドを呼び出した場合はさすがにエラーになります。エラーメッセージはメソッド名を間違えた場合と同じです（52ページ参照）。

■エラーが発生しているプログラム

```
let text = 'abcdefg';
let elem = text.querySelector('p');
```

■エラーメッセージ

捕捉不可能な　型エラー：

```
1 Uncaught TypeError: 
```

折り返し

text.querySelector　ではない　関数

```
text.querySelector is not a function
```

読み下し文

1 **捕捉不可能な型エラー：text.querySelectorは関数（メソッド）ではない**

JavaScriptでは、変数に入れたものの型が違うせいでエラーが起きることは非常によくあります。誤作動を避けるために、必要に応じてif文でチェックします。

■エラーの対処例

```
if( text.querySelector ){
  querySelectorメソッドがある場合のみ実行する処理
}
```

メソッドやプロパティが存在するとtrueになる

NO 07 MDN web docsの読み方

メソッドとプロパティはここまでに説明したものだけじゃない。まだまだたくさんあるんだよ

そうなんですか！　全部教えてください

それじゃいくらページがあっても足りないから、探し方を教えるよ

Mozilla Developer Networkとは

Mozilla Developer Network（MDN）は、Firefoxの開発元のMozillaファウンデーションが運営している開発者向けの情報サイトです。ここで公開されている「MDN web docs」は、JavaScriptからHTML、CSSまでWeb関連の技術情報をひととおり読める情報源として、昔から定評があります。開発者向けなので本書を読み終えた段階では難しく感じるとは思います。ただし、MDN web docsの情報は信頼性が高いので、半分しかわからなかったとしても十分価値があります。

MDN web docs（https://developer.mozilla.org/ja/docs/Web）

Web APIについて調べる

「MDN web docs」のトップページをスクロールしていくと「スクリプト」という見出しが出てきます。ここの「JavaScript」のリンク先にはJavaScriptの言語の情報が、「Web API」のリンク先にはWebブラウザがJavaScript向けに提供している機能の情報が載っています。WindowオブジェクトやElementオブジェクトについての情報があるのは、Web APIのほうです。

「Web API」という言葉には、「Webサービスが提供している機能」という意味もあるんだ。だからここの情報は「WebブラウザAPI」と思ったほうがいいかもしれない

Web APIリファレンスの「インデックス」をクリックしてみましょう。

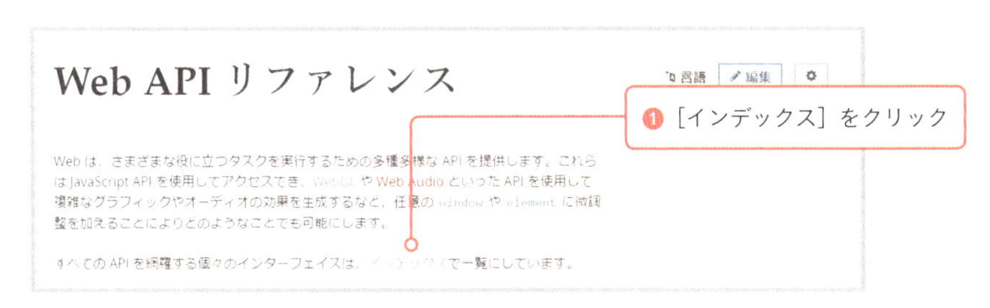

Web APIインターフェイスというページが表示されます。ここでのインターフェイスという用語は、オブジェクトの種類を指しています。

量に圧倒されますが、がんばって探してみましょう。ここでは「Document」を調べてみることにします。

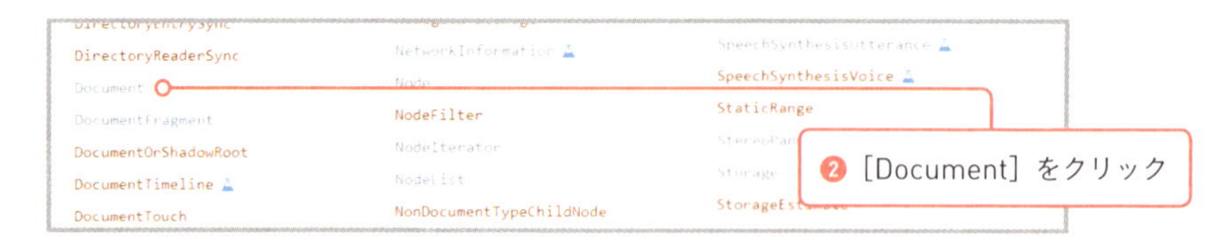

Documentオブジェクトの解説ページが表示されました。サイドバーにプロパティやメソッドの一覧があるので、そこからDocumentオブジェクトが持つ機能を調べられます。

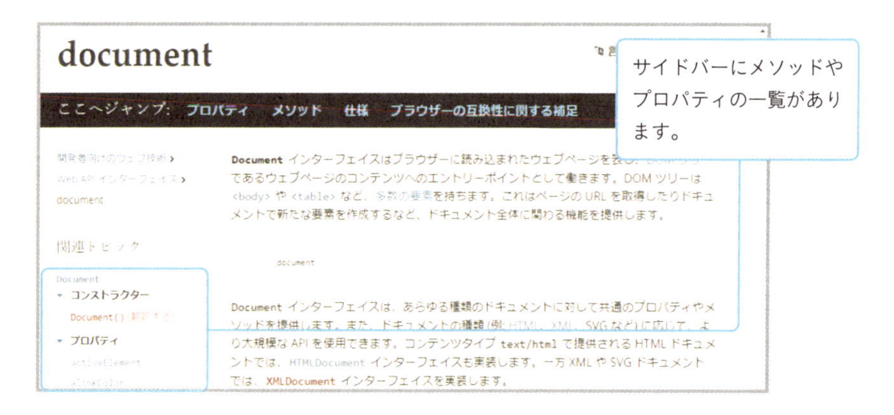

オブジェクトのプロパティとメソッドを調べる

例えば、Chpater 5で使ったquerySelectorメソッドの情報を表示してみましょう。本書に書いていなかった情報も見つかります。

最初のElementを返すって書いてありますね。複数の要素が見つかった場合の話ですかね？

説明が難しかったり、ところどころ英語のままだったりするけど、信頼できる辞書として利用するといいよ

エラーメッセージの意味はググって探す

エラーメッセージの意味や原因を調べたいときに頼りになるのはGoogle検索です。広い世界には、あなたがつまずいたエラーと同じところで、同じようにつまずいている人がたいていいます。コンソールに表示されたエラーメッセージをコピーし、そのまま検索ボックスに貼り付けてください。
ただし、あなたが作成した変数や関数の名前、行番号やファイル名などは一致することはまずないので、そこは削ってから検索したほうがいいでしょう。

あとがき

最初にこの書籍を企画したときは、「ふりがなを振ればやさしくなるから、説明も少なくてすむだろう」と思っていました。ところが実際に執筆をはじめると、「このキーワードには、どうふりがなを振ればいいの？」「そもそもこのキーワードの語源は何？」といった疑問が次々と湧いてきます。よく考えてみれば、プログラミング言語に日本語でふりがなを振るというのは一種の翻訳ですから、細かな文法の理解がそれなりに必要になるのも当然です。それらを反映した結果、入門書にしてはプログラミング言語の細部に踏み込んだ本になったと感じています。

本書を読み終えた皆さんにおすすめしたいのが、本書のサンプルよりも長いプログラムに、自分でふりがなを振ってみることです。Web上で公開されているプログラムでもいいですし、他のプログラミング入門書のサンプルでもかまいません。読み解くポイントは、まず「予約語」「変数」「関数・メソッド」「演算子」「引数」などの種別を明らかにすることです。文字で書き込んでもいいですし、マーカーで色分けしてもいいと思います。そのあとで、言語のリファレンスページなども見ながら、わかるところにふりがなを書き込んでいきます。100%ふりがなを入れなくても、だいたいの処理の流れはつかめるはずです。

また、本書は「一語一語の意味を説明すること」にリソースを全振りしているので、「その上」のことにはあまり触れていません。日本語や英語でも言葉を知るだけでは自由に文章を書けるようにはならないのと同じく、プログラミングにもその上があります。いろいろな書籍が刊行されていますので、ぜひ次のステップとして挑戦してみてください。本書が皆さまのプログラミング入門のよい入り口となれば幸いです。

最後に監修の及川卓也様をはじめとして、本書の制作に携わった皆さまに心よりお礼申し上げます。

2018年6月　リブロワークス

索引 | INDEX

本書サンプルプログラムのダウンロードについて

本書で使用しているサンプルプログラムは下記の本書サポートページからダウンロードできます。zip形式で圧縮しているので、展開してからご利用ください。

●本書サポートページ

https://book.impress.co.jp/books/1117101139

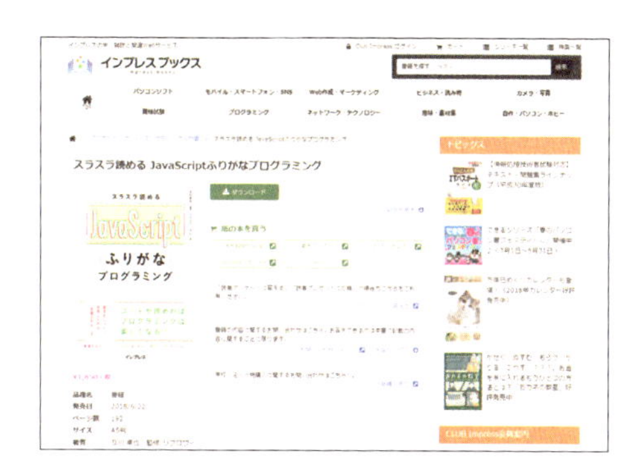

1 上記URLを入力してサポートページを表示

2 ダウンロード をクリック

画面の指示にしたがってファイルをダウンロードしてください。

※Webページのデザインやレイアウトは変更になる場合があります。

STAFF LIST

カバー・本文デザイン
　松本 歩（細山田デザイン事務所）
カバー・本文イラスト
　加納徳博
DTP　株式会社リブロワークス
　関口忠

デザイン制作室　今津幸弘
　鈴木 薫
制作担当デスク　柏倉真理子

企画　株式会社リブロワークス
編集　大津雄一郎（株式会社リブロワークス）

編集長　柳沼俊宏

■商品に関する問い合わせ先
インプレスブックスのお問い合わせフォームより入力してください。
https://book.impress.co.jp/info/
上記フォームがご利用頂けない場合のメールでの問い合わせ先
info@impress.co.jp

●本書の内容に関するご質問は、お問い合わせフォーム、メールまたは封書にて書名・ISBN・お名前・電話番号と該当するページや具体的な質問内容、お使いの動作環境などを明記のうえ、お問い合わせください。
●電話やFAX等でのご質問には対応しておりません。なお、本書の範囲を超える質問に関しましてはお答えできませんのでご了承ください。
●インプレスブックス（https://book.impress.co.jp/）では、本書を含めインプレスの出版物に関するサポート情報などを提供しておりますのでそちらもご覧ください。
●該当書籍の奥付に記載されている初版発行日から3年が経過した場合、もしくは該当書籍で紹介している製品やサービスについて提供会社によるサポートが終了した場合は、ご質問にお答えしかねる場合があります。
●本書の利用によって生じる直接的あるいは間接的被害について、著者ならびに弊社では一切の責任を負いかねます。あらかじめご了承ください。

■落丁・乱丁本などのお問い合わせ先
TEL：03-6837-5016
FAX：03-6837-5023
service@impress.co.jp
（受付時間 10:00-12:00／13:00-17:30、土日・祝祭日を除く）
●古書店で購入されたものについてはお取り替えできません。

■書店／販売店の窓口
株式会社インプレス 受注センター
TEL：048-449-8040
FAX：048-449-8041
株式会社インプレス 出版営業部
TEL：03-6837-4635

スラスラ読める JavaScriptふりがなプログラミング

2018年6月21日　初版発行

監　修　及川卓也
著　者　リブロワークス
発行人　土田米一
編集人　高橋隆志
発行所　株式会社インプレス
〒101-0051　東京都千代田区神田神保町一丁目105番地
ホームページ　https://book.impress.co.jp/
印刷所　音羽印刷株式会社

ISBN978-4-295-00385-4 C3055
Printed in Japan